辽宁省优秀自然科学著作

河岸植被缓冲带对农业面源污染的阻控作用研究

汤家喜　范俊岗　吕　刚　刘　悦　著

辽宁科学技术出版社

沈　阳

ⓒ 2018　汤家喜　范俊岗　吕　刚　刘　悦

图书在版编目（CIP）数据

河岸植被缓冲带对农业面源污染的阻控作用研究/汤
家喜等著. —沈阳：辽宁科学技术出版社，2018.7
（辽宁省优秀自然科学著作）
ISBN 978-7-5591-0689-6

Ⅰ. ①河… Ⅱ. ①汤… Ⅲ. ①河岸—植被—应用—农
业污染源—面源污染—污染防治—研究 Ⅳ. ①X501

中国版本图书馆 CIP 数据核字（2018）第 065939 号

出版发行：辽宁科学技术出版社
　　　　　（地址：沈阳市和平区十一纬路 25 号　邮编：110003）
印 刷 者：辽宁鼎籍数码科技有限公司
幅面尺寸：185 mm×260 mm
印　　张：11
字　　数：235 千字
印　　数：1~1000
出版时间：2018 年 7 月第 1 版
印刷时间：2018 年 7 月第 1 次印刷
责任编辑：陈广鹏　郑　红
封面设计：李　嵘
责任校对：李淑敏

书　　号：ISBN 978-7-5591-0689-6
定　　价：40.00 元

联系电话：024-23280036
邮购热线：024-23284502
http://www.lnkj.com.cn

本书编委会

主　　编　汤家喜　范俊岗　吕　刚　刘　悦

副 主 编　魏忠平　应　博　张鸿龄　叶景丰　高英旭

参编人员　(以姓氏笔画为序)

卜鹏图　马冬菁　王敬贤　王骞春　王　琦

刘红民　刘怡菲　刘　丽　何苗苗　李仁杰

李荣凤　汪成成　陈　罡　周博文　孟凡金

郑　颖　高　宇　郭　鑫　徐　平　梁雪松

颜廷武

前　言

　　随着经济的迅速发展，我国农业面源污染所造成的水环境污染问题日益突出，辽河流域水环境质量受农业面源污染危害仍较大。自"十一五"以来，国家将其作为重点治理河流，开展了一系列的治理保护项目，虽取得了一些显著成效，但是流域水质污染依然严重，水质持续改善面临巨大挑战。尤其辽河上游区域，玉米为当地主要农作物，是农民的主要经济来源；辽河两岸部分区域虽进行了退耕还林草的保护措施，但仍存在大面积的农作物种植区。因此，农业面源污染物对辽河污染的贡献率不容忽视。

　　农业中常采用河岸植被缓冲带来拦截农田中的面源污染物。河岸植被缓冲带，可称作河岸带或河岸缓冲带，是水生生态系统和陆地生态系统的过渡带，包括显著影响水生生态系统物质和能量交换的陆地生态系统部分（即能够对水体产生影响的陆地区域）。河岸植被缓冲带是一个动态的水陆交错带的生态系统，具有独特的生态结构特征和生态功能，是减少水土流失、控制农业面源污染的最有效措施之一，目前已经得到了国内外专家学者的普遍认可。但辽河流域地处我国北方地区，每年的冻结期从10月底一直持续到翌年3月底，几乎占全年时间的一半。寒冷地区冬季使面源氮磷的迁移转化具有特殊性。有报道称，由于富营养化物质的冬季积累和冻融过程中土壤理化性质的改变，使得氮等富营养化物质对面源污染的贡献率较大。因此，在对辽河流域开展面源污染的防控研究，考虑构建合理的河岸缓冲带植被体系的同时，对春季冻融后地表径流所产生的面源污染也应加以关注。本文针对辽河流域农业面源污染的特点，在对辽河保护区河岸带现场调研的基础上，选择典型河岸带开展辽河保护区河岸缓冲带的构建及对面源污染控制的研究，明确河岸缓冲带对农业面源污染的阻控作用机理，初步得到具有控制辽河流域农业面源污染特点的河岸缓冲带优势模式。同时，开发绿色环保型材料防控农业面源污染，可以为寒冷地区河岸缓冲带在控制农业面源污染的实际应用提供相关的理论依据。

　　本书所述内容是在国家自然科学基金"辽河上游河岸缓冲带对农业面源污染的阻控作用研究（41501548）"、辽宁省教育厅科学技术研究一般项目"生物炭对辽河上游河岸缓冲带阻控农业面源污染的影响作用研究（LJYL021）"、国家"水体污染控制与治理科技重大专项（2012ZX07202-004）"的资助下共同完成的。

本书是作者在系统总结以上研究成果的基础上完成的，全书共分12章，主要内容及编写人员如下：第1章绪论，由汤家喜、范俊岗、吕刚、应博执笔；第2章河岸植被缓冲带自然生境恢复现状分析，由张鸿龄、郭鑫、汪成成、孟凡金执笔；第3章河岸植被缓冲带植被的筛选，由汤家喜、魏忠平、叶景丰、刘怡菲、刘丽、王琦执笔；第4章河岸植被缓冲带对地表径流及悬浮颗粒的阻控作用，由汤家喜、高英旭、郑颖、王骞春、刘丽、王琦执笔；第5章河岸植被缓冲带对氮磷的阻控作用，由汤家喜、周博文、卜鹏图、颜廷武、刘丽、王琦执笔；第6章河岸植被缓冲带对氮磷去除效果的模拟研究，由张鸿龄、高宇、何苗苗、刘丽、王琦执笔；第7章不同类型河岸缓冲带土壤酶活性变化与氮磷去除效果研究，由汤家喜、范俊岗、陈罡、刘红民、刘丽、王琦执笔；第8章不同类型河岸植被缓冲带土壤微生物群落变化与氮磷去除效果研究，由汤家喜、高英旭、马冬菁、刘丽、王琦执笔；第9章生物炭对农业面源污染物中农药分子的吸附性能研究，由刘悦、李仁杰、李荣凤、徐平、梁雪松执笔；第10章生物炭对土壤理化性质的影响，由应博、汤家喜、吕刚执笔；第11章炭基纳米铁粉对2,4-D在河岸缓冲带土壤中去除的研究，由应博、魏忠平、叶景丰执笔；第12章玉米芯生物炭对2,4-D在土壤中吸附性能的研究，由应博、汤家喜、何苗苗、徐平、梁雪松执笔；全书最后由汤家喜、范俊岗、吕刚、刘悦审定统稿。在编写过程中，孙德臣、邱素芬、王东丽在研究资料的收集过程中做了大量工作，在此一并感谢。最后，特别要感谢对本书提出指导性意见的沈阳农业大学土地与环境学院梁成华教授和辽宁工程技术大学王道涵教授以及参与本书研究工作的所有人员。

由于时间较短，我们水平所限，书中难免出现不足之处，恳请广大读者批评指正。

汤家喜

2018年4月

目　录

1 绪论

1.1 研究背景与目的意义

我国人均水资源量仅占世界人均水量的 1/4。随着工农业的发展，人们赖以生存的水资源的污染越来越严重。农业上农药、化肥的大量施用，使农业面源对水体的污染也在进一步地加剧。水体富营养化可以直接导致水生生物多样性的下降，进而破坏水生生态系统，影响渔业和旅游业的发展及饮用水的质量，最终直接威胁人类的健康。我国近年来的研究表明：包括黄河、长江和珠江在内的全国 700 多条河流（总长为 10 万 km）当中，目前有 70.6% 受到由氮和磷过量而造成的富营养化的危害，36% 的城市河段水体丧失使用功能。水体污染控制与治理是我国当前和今后相当长一段时期内的重要任务，当前点源污染治理已经初见成效，但面源污染由于其量大面广、变化快等特点决定了其治理难度相当大。因此，农业面源污染已成为我国环境污染治理工作的重中之重。

辽河是全国七大江河之一，是辽宁人民的母亲河。辽河流域地处辽宁省的轴线位置，连接沿海经济带、沈阳经济区和辽西北经济区三大板块，是国家振兴东北老工业基地的核心区域。随着社会经济的快速发展，辽河流域的水资源短缺、水环境污染和地下水超采等问题更加突出，目前已经成为制约该区域社会经济可持续发展的重要因素，也已经成为制约流域经济社会发展的瓶颈问题。为了改善辽河流域水环境现状，解决水资源短缺问题，"十一五"期间国家提出结构减排、工程减排和管理减排的三大政策措施，并将辽河作为重点研究河流开展了"辽河流域水污染综合治理技术集成与工程示范"项目。通过关闭严重污染企业、建设污水处理厂、严厉打击环境违法行为、控制点源排放，辽河治理取得了显著效果。

虽然辽河流域水质改善工作取得了成效，但是流域水质污染依然严重，持续改善水质工作面临巨大挑战。目前，氨氮污染已成为流域断面达标的瓶颈，流域水生态环境退化依然非常严重。因此，加大力度改善辽河流域水生态环境现状显得十分必要。国外的研究与实践表明，利用植物体系构建河岸缓冲带，是防治农业面源污染，改善水生态环境的有效手段。

但辽河流域地处我国北方地区，每年的冻结期从 10 月底一直持续到翌年 3 月底，几乎占全年时间的 1/2。寒冷地区冬季使面源氮磷的迁移转化具有特殊性。有报道称，由于富营养化物质的冬季积累和冻融过程中土壤理化性质的改变，使得氮等富营养化物质对面源污染的贡献率较大。因此，在辽河流域开展对面源污染的防控研究，考虑构建合理的河岸缓冲带植被体系的同时，对春季冻融后地表径流所产生的面源污染也应加以关注。"十二五"期间，首次提出开展"辽河保护区水生态建设综合示范"课题，其中的"研究任务五"即"辽河保护区河岸带修复关键技术"，旨在恢复辽河流域河岸缓冲带的生态功能，提高河岸缓冲带对农业面源地表径流水体净化能力，改善河流水质，增强生物多样性，保证水生态安全，构建人与自然和谐、宜居的生态格局，促进流域社会经济的可持续发展。

本研究针对辽河流域农业面源污染的特点，在对辽河保护区河岸带现场调研的基础上，选择典型河岸带开展辽河保护区河岸缓冲带的构建及对面源污染控制的研究，明确河岸缓冲带对农业面源污染的阻控作用机理，初步得到具有控制辽河流域农业面源污染特点的河岸缓冲带优势模式。同时，开发绿色环保型材料防控农业面源污染，可以为寒冷地区河岸缓冲带在控制农业面源污染的实际应用中提供相关的理论依据。

1.2　国内外研究进展

1.2.1　农业面源污染的现状

面源污染（Diffused Pollution）又称非点源污染（non-point Source Pollution），是相对于点源污染而言的概念。点源污染（Point Source Pollution）是指在工业生产过程中与部分城市生活中通过集中排污等途径所产生的污染物的过程，这种污染的污染源较集中，排污途径明确。而面源污染的污染源较为分散，并不固定。面源污染的概念是由美国以及欧洲发达国家率先提出的。按照1972年美国联邦水污染控制法案对面源污染的解释，面源污染通常是在不确定的时间内，通过不确定的排放途径，向水系排放不确定量的污染物质而引起的环境污染。通常意义的面源污染是指在降水、融冰雪和灌溉等过程中所产生的地表径流，在淋溶和冲刷作用下，携带自然或人为污染物质，通过径流过程最终汇入受纳水体（如海洋、河流、湖泊、水库等）所引起的水体污染。这些污染物质来源主要包括：农业生产过程中过量施用的农药、化肥和除草剂；禽畜养殖过程中产生的细菌及营养物质等；大气干湿沉降、城市地表径流等过程携带的污染物质；因河岸带、林地以及农田灌溉等管理不当所引起的水土流失；采矿过程中废弃物的堆放等。因此，包括了农业、城市、矿业、林业以及大气等的面源污染。

从世界范围来看，面源污染物已成为水体的重要污染源。其中，农业面源污染占据了面源污染的主体。农业面源污染是由于农药、化肥、畜禽粪便经降雨径流、农田灌溉和淋溶进入水体而造成的。在美国，农业面源污染物是河流和湖泊污染物的主要来源之一，农业面源污染分别占所有湖泊和河流营养物质负荷总量的57%和

64%（Daniel, et al., 1998）；在荷兰，农业面源污染的氮和磷负荷分别占水环境污染总量的 60% 和 40%～50%（Boers, 1996）；丹麦 270 条河流中 94% 的氮负荷和 52% 的磷负荷是由面源污染物引起的（Kronvang, et al., 1996）。

我国的农业面源污染问题也十分严重。随着社会经济和城市化水平的迅猛发展，大量的肥沃耕地被占用，用作城市和交通用地，导致了耕地的短缺，使得我国人均耕地面积大量减少，不得不在有限的耕地上生产更多的粮食以满足人们的需求。因此，大量的化肥和农药的施用，用以来保证粮食的稳产和增产，同时也给环境带来更大的隐患。目前，我国化肥年施用量高达 4637 万吨，相当于世界化肥施用总量的 35%。单位耕地面积年均化肥施用量达到 430 kg/hm^2，是美国的 4 倍，但化肥的平均利用率却远远低于美国和其他发达国家。化肥的过量施用和低效利用造成了氮磷为主的农业面源污染。目前，我国湖泊（水库）富营养化问题十分突出。有研究表明，杭州湾、太湖流域、巢湖流域和滇池等地的污染负荷均来自农业面源污染物，其中，农业面源污染物对太湖氮的贡献率达 83%，对磷的贡献率占 84%；在进入巢湖的污染负荷中，对总氮的贡献率达 69.54%，对总磷的贡献率达 51.71%；而对滇池外海的总氮和总磷的贡献率分别为 53% 和 42%。农业面源污染除了对湖泊（水库）水质产生严重影响外，对河流水系的水质影响也十分突出。根据环保部《2009 年全国水环境质量状况》显示，全国 200 多条河流、408 个地表水国控监测断面水质监测表明，Ⅰ～Ⅲ类水质的断面占 57.3%；Ⅳ～Ⅴ类水质的断面占 24.3%；劣Ⅴ类水质的断面占 18.4%。污染指标以 COD、BOD 和氨氮为主。其中，松花江、淮河为轻度污染，黄河、辽河为中度污染，海河为重度污染。水体的污染很大程度上与农业面源污染物氮、磷的输入有关。水体中高浓度的氮和磷是影响水体水质的主要原因。有研究表明，水体中 83% 的氮、磷是由农业面源污染贡献的（白明英，2010）；来自农田系统的面源污染氮和磷分别占总体面源污染负荷的 35.7% 和 24.7%。我国第一次污染源普查结果显示，2007 年农业面源化学需氧量排放量占全国排放总量的 43.7%，总氮和总磷分别占 57.2% 和 67.4%。中国的农业面源污染已经十分严重，尽管在一些湖泊流域已经开展了相关的治理措施，但从整体趋势来看，农业面源污染对水体富营养化的影响仍在进一步加剧。

1.2.2 农业面源污染的特点和危害

农业面源污染较点源污染具有许多显著不同的特点，主要体现在以下 6 个方面。

（1）发生具有随机性。从面源污染的形成过程来看，面源污染主要与区域的水文循环过程密切相关，主要受降雨或灌溉以及所引起的径流过程影响和支配。此外，面源污染的形成和发生与气候、地形地貌和农作物类型等密切相关。而降水以及其他影响因子的随机性，必然决定了农业面源污染的发生具有随机性。

（2）分布广泛性。农业中施用的农药和化肥是农业面源污染的主要来源。但影响农业面源污染的因子十分复杂，因此，其排放经常分布广泛，复杂多变。不同的影响因子对污染物的迁移转化有很大的影响，如农业面源污染物可通过空气或水等介质，向横向或纵向迅速扩散，很容易扩大污染的范围，这也给农业面源污染的监测与控制工作带来了很大的困难。

（3）隐蔽性。污染物在不同的地形地貌和水文特征条件下，有着不同的污染形态。人们已经对污染物进行了重点监控和治理，但一些面源污染物质仍然会不同程度地进入土壤和水体。如美国、日本等的学者研究发现，即使点源污染全部实现零排放，河流的水质达标率仍仅为 65%，湖泊仅为 42%。

（4）时空转移性。农业面源污染物以水为主要转移媒介，水的流动迁移使得农业面源污染表现为明显的时间滞后性和空间转移性。另外，一些农业面源污染物质在迁移过程中，极有可能和迁移过程中的其他物质发生理化或生物反应，转化成其他污染物质，给区域环境带来其他危害。有些农作区域，施用农药、化肥之后遇到降雨，氮磷农药等污染物随着地表径流迁移，进入河流，再进一步迁移，使得污染区域更加扩大，这明显是污染时空转移性造成的严重后果。因此，依据污染的时空转移性，对一些流域源头进行治理，会对该区域甚至是全流域的生态环境的改善起到很好的作用。

（5）形成机理模糊性。由于农业面源污染的来源较复杂，影响其形成的因素多样，因此，判断农业面源污染物的形成机理存在一定的难度。虽然了解农业面源污染物的主要来源，但在不同的环境背景下，农业面源污染的形成有着巨大的差异，因而使得面源污染的形成机理具有较大的模糊性。

（6）污染滞后性。农业面源污染物质对农业生态环境的影响是一个量变到质变的积累过程。因此，农业面源污染具有一定的滞后性。而且，人们并没有重视面源污染的排放问题，如我国部分地区仍在进行不合理的施用化肥和农药，忽视平常的面源污染排放，这也给农业生态环境埋下了巨大的隐患。

农业面源污染给生态环境和人类的健康带来了很大的危害，最直接的影响是造成水体富营养化。在美国，过量的氮磷的输入是造成地表水体富营养化的主要原因（Usepa，2002）。大约有 50% 水质恶化湖泊和 60% 水质恶化的河段是由富营养化导致的（Usepa，1996）。富营养化导致水体暴发赤潮和水华，使水生生物大量死亡，影响了渔业和旅游业等的发展，同时也可以导致地下水的污染，间接地影响人类的健康。农业面源污染除了导致水体富营养化，导致水生生态系统环境恶化外，悬浮颗粒物、氮磷养分、农药、除草剂等面源污染物还可以直接影响人类健康，如饮用水中硝酸盐浓度超过 10mg/L 就会对人体健康造成损害，径流中悬浮固体浓度超过 0.5g/L 就会损害所供应饮用水的水质。

农业面源污染对环境还有一些潜在的危害。例如，化肥和农药过量施用，最终导致的农业面源污染问题，由于农药和化肥的利用率较低，加之不合理的过量施用，使得氮、磷、有毒有害重金属及其化合物、有机化合物甚至一些放射性污染物质等残留在土壤中，使土壤的组成结构遭到破坏，土壤孔隙堵塞，有机质减少，造成土壤保水保肥能力下降。另外，农业面源污染物质中的氮对大气也会造成一定的危害。氨的挥发、硝化作用和反硝化作用，以及氮的气态氧化物（NO、NO_2、N_2O、N_2O_4 和 N_2O_5 等）造成了大气的温室效应、酸雨和臭氧层破坏。据研究表明，大气中 20% 的 CO_2、70% 的 CH_4 和 90% 的 N_2O 的来源与农业生产活动和不同的土地利用方式等过程有关。

进入土壤中的农药会对植物产生一定的影响，这种影响分为直接影响和间接影响。植物有发达的根系，因此，会通过根系吸收土壤中残留的农药，根部的农药会继续在植物体内转移运输，而这部分农药也会通过自身作用和叶面蒸腾作用等在植物体内降解，使土壤中的农药残留等有机污染物得以消除。同时，植物吸收富集土壤中的农药会对农作物产生污染。施用过量的农药会通过作物的根系直接吸收进入农作物的可食用部分，从而间接导致食品安全问题。过量的除草剂残留会直接伤害后茬作物，对作物的生长发育情况产生影响。研究表明，除草剂施用不当和农药生产厂家在生产除草剂时粉尘漂移及排放生产污水等都会严重影响农作物的生长（Gong, et al., 2004）。有资料报道，在越战期间，美国向越南本土施用大量的除草剂，这一行为使 $50hm^2$ 的红树林中的两成死亡。另外，植物吸收土壤中残留的农药后，可能对植物产生的药害并不明显，但对作物体内的酶活性产生较大影响。土壤自身是个较稳定的生态系统，在这个系统中既存在着对改善土壤结构、促进土壤养分循环的微生物，也有对作物生长繁殖至关重要的动物，过量施用后残留在土壤中的农药会通过对有益生物的毒害作用来间接影响植物的生长。

土壤的组成十分复杂，其中土壤动物在土壤中也占据着重要位置，土壤动物对于土壤的生态系统平衡具有十分重要的作用。一方面，动物吸收土壤养分并将其转化成自身的有益物质；另一方面，吸收转化后的物质通过动物的排泄过程促进土壤中元素的循环。土壤中过量的农药会对这些动物产生危害甚至导致其死亡，如残留的农药会杀死土壤中的蚯蚓，从而导致植物无法利用蚯蚓改善土壤结构，无法利用蚓粪中的养分。对于作物来说，授粉至关重要，而残留的农药会杀死传粉的昆虫，影响作物授粉，并且残留的农药还会杀死害虫的天敌。土壤中的微生物群落会对土壤的养分循环利用产生有利影响，而农药会破坏这种微生物群落，使其无法发挥正常的作用。上述研究表明，过量施用农药会对农作物的生长发育产生严重影响，带来食品安全问题。

很多研究利用土壤动物作为农药污染的重要指示生物来反映土壤的环境的好坏。大量研究表明，农业中常用的重要有机磷农药会对土壤动物的群落结构产生毒害效应，对土壤动物的生理活动如呼吸强度、生殖发育等产生一系列的影响甚至造成土壤动物死亡，降低土壤动物生物多样性（黄敦奇等，2012）。

土壤微生物是土壤生态环境中的重要组成部分，其对土壤中的有机物分解和养分循环具有重要的作用。土壤中的农药在土壤自净后仍残留的部分会对土壤中的微生物产生一定的危害作用，主要体现在对土壤微生物的数量、种类、氨化-硝化作用及酶活性等方面的影响。在农业生产活动中，当施加的农药剂量在常规剂量范围内，其对土壤微生物的影响并不显著且均为短期影响，土壤微生物可以通过自身的矿化作用和共代谢反应使这种影响逐渐减弱直至消失（沈东升等，1994；Deepthi，et al.，2007）。但农药的施用量超过土壤自身的承载能力就会对土壤微生物产生危害，使土壤微生物的数量锐减，影响土壤微生物的多样性。研究表明，杀虫剂 POPs 对土壤的微生物群落有一定的影响，会抑制微生物的多样性（张红，2005）。王军（2012）等研究表明，莠去津会对土壤的微生物数量产生影响，随着莠去津浓度的提高，土壤中微生物的数量逐渐显著减少。在土壤中施入 $3\mu g/L$ 二嗪农并培养 180天，结果表明，土壤中的放线菌数量显著增加了 300 倍，但细菌和真菌的数量却并未发生变化，土壤中残留的农药还会对土壤微生物进行的硝化作用产生明显的抑制作用。

1.2.3　农业面源污染物农药在土壤中的迁移转化

进入土壤中的农药一方面可在水土作用和环境因素的联合作用下分解为中间产物或彻底分解为水、二氧化碳和简单无机化合物；另一方面，有机污染物的疏水亲脂特性使得它们在重力作用下被水体沉积物吸收富集，而农药的挥发也是大气污染的一个持续来源（张鹏，2013）。

土壤中农药的迁移包括两种形式，分别为农药分子本身进行不规则热运动产生的扩散作用和受土壤中水土作用等外力产生的质体流动（吴明，2010）。目前，农药在土壤环境中的迁移模型主要有对流-弥散方程（Convection-DispersionEquation，CDE）和传递函数模型（Transfer-Function Model，TFM）两种，土壤的有机质、土壤颗粒组成、土壤含水量及土壤 pH 等对农药在土壤中的迁移量和迁移速率有一定影响作用（CarreraG，et al.，2003）。

土壤是一个复杂的开放性环境，施入土壤中的农药在微生物的作用下会发生降解，而土壤温度、pH、土壤含水量和光照强度等环境因素都会影响农药在土壤中降解的过程。

当低能态的农药分子受一定波长的光照时，就会跃迁为高能态的分子，通过进行光化学反应，以荧光或磷光的方式释放多余能量，进行不可逆的光解。光波长、光照强度、有机物自身的理化性质、土壤环境酸碱度、反应介质等都会影响农药的光解过程；有机农药中含有的卤代基团、环氧基以及脂类和氨基等官能团都会与水分子在适宜条件下发生水解反应，由于不同官能团的亲水性不同，水解反应发生强度也会不同。水解强度受土壤温度和酸碱度影响较大，在碱性土壤中农药更容易发生水解且温度越高，农药的水解作用越强，水解速率加快。此外，土壤中的有机质和矿物质含量也会影响农药的降解，含量越高，农药的水解速率越快。

大量研究表明，微生物能够降解土壤中残留的持久性有机物（Harford，et al.，2005；Kanthasamy，et al.，2005），而矿化作用和共代谢作用是微生物降解有机农药的主要途径。有机污染物在微生物的作用下，通过氧化还原、脱卤水解和裂解等彻底分解为无机化合物、水和二氧化碳的过程即为矿化反应；当一种外源有机污染物不能满足微生物的碳源和能量需求，需要其有机物参与后才能被微生物降解，这种反应即为共代谢作用。持久性有机物的好氧共代谢转化是微生物在正常生长代谢过程中，通过非特异性氧化酶的催化作用对碳源和非碳源的共同氧化，这一过程涵盖了微生物对卤代有机物的多种脱卤素过程。有学者通过多种有机污染物来研究不同菌种对 DDT 降解的影响，结果表明通过添加多种共代谢物，农药的降解速度得到显著增加，其中酵母提取物的促进作用最为明显，降解率与对照相比显著提高。

植物吸收是一种较为广泛采用的有机污染土壤的原位修复技术。植物可以通过根系分泌物来调节土壤的酸碱度和氧化还原电位，直接吸收土壤中的有机污染物。例如，国外学者研究结果显示，植物可以直接吸收土壤环境中的莠去津，使沉积多年的除草剂显著减少。还有学者研究发现，有机污染物被植物直接吸收后的另一种去向是在经木质部转运至植物茎叶，从叶表挥发或被吸附于富脂性表皮，因此也具有一定富集有机氯农药的能力。植物根系的分泌物还能刺激土壤微生物的活性，为微生物降解有机污染物提供适宜的根系环境，同时为有机物的共代谢过程提供大量的碳源。研究表明，草原土壤中微生物对 2-氯苯甲酸的降解率显著高于对照，根际土壤中的微生物显著多于对照土壤，增强了土壤中有机污染物的降解作用。

2,4-二氯苯氧乙酸，2,4-D（2,4-dichlorophenoxy acetic acid，CAS No. 94-757），分子式 $C_8H_6Cl_2O_3$，分子量为 221，25℃时在水中的溶解度为 900mg/L。2,4-D 及其降解中间产物具有较强的生物累积性，是最常用的一类农田除草剂（李淑贤，2004）。20 世纪 50 年代初，美国科学家对 2,4-D 的除草效果进行了报道，之后因其使用量少、成本低廉而在世界范围内的农业生产活动中被广泛使用（Robles-González, et al., 2006）。此外，2,4-D 可以促进植物细胞分化，作为禾本科植物的生长调节剂也使用广泛。Bakavoli 研究发现 2,4-D 在适当浓度范围内可促进种子萌发和细胞的分化，而这会对作物的生长发育产生抑制作用（Bakavoli, et al., 2007）。2,4-D 会通过对质子的分泌起到活化作用和调节根部的新陈代谢作用，增强玉米根部的氧化还原活性和生长速率。

2,4-D 主要以除草剂施用和工业废弃物排放等方式进入环境。2,4-D 在环境中的降解的中间产物为苯酚。除草剂的浓度和形态、土壤质地、温度和酸碱度、土壤含水量和土壤微生物的活性都会对 2,4-D 的降解产生影响。苯氧乙酸类的农药的毒性并不大，但是在土壤、水体、粮食中的残留积累到一定程度时，也会危害动植物和人体。所以，研究这类除草剂在土壤环境中的迁移和去除，对于保护食品安全和人体健康具有十分重要的意义。

我国生产和使用最多的除草剂主要为阿特拉津和乙草胺，阿特拉津是最早被大量研究的除草剂之一，乙草胺则是我国使用量最大的除草剂之一。乙草胺的分子结构中既含有苯环，又含有氯和胺基，在土壤中迁移能力较弱，但化学性质稳定，难以通过自然降解的方式来进行去除。所以寻找合适的材料、利用合适的方法来修复被乙草胺污染的土壤已成为当下以及未来一段时间内我国亟待解决的土壤污染问题。

阿特拉津又名莠去津，英文通用名 atrazine，其化学名称为 2-氯-4-乙氨基-6-异丙氨基-1,3,5-三嗪，属于均三氮苯类农药，分子式为 $C_8H_{14}C_1N_5$。阿特拉津是选择性内吸型苗前、苗后除草剂，适用于玉米、高粱、茶园等，防除一年生禾本科杂草和阔叶杂草，主要通过植物的根系吸收，对大部分一年生双子叶杂草具有很好的防治作用，除草剂应用中有很大的比例在土壤中受降雨和灌溉等因素影响发生物理性迁移，通过地表径流进入河流和地下水。我国规定阿特拉津在地表水 Ⅰ、Ⅱ、Ⅲ 类水域中的特定项目标准值为 0.003mg/L，而实际污染程度往往超出规定范围。如，我国铁岭市的招苏台河中，阿特拉津的浓度在水体中高达 1.233mg/L（排污口），在底泥中高达 79.446mg/g（张琦，2001）。河岸植被缓冲带通过物理、化学、生物等综合作用可以在一定程度上降低流入水体的阿特拉津浓度。

乙草胺又名禾草净，英文通用名 acetochlor，化学名称为 2-氯-Ⅳ-（乙氧甲基）-N-（2-乙基-6-甲基）-乙酰胺。乙草胺是酰胺类最具代表性的除草剂品种之一，自 1982 年发明以来，一直在世界范围内广泛地应用于农田除草，在我国的年使用量超过 1.5 万 t，也是我国东北地区应用最为广泛的除草剂品种之一。乙草胺在水中溶解度较大，所以，其容易在土壤各层之间迁移从而进入地下水。乙草胺的长期和大量使用势必会造成其在土壤和水体中的大量残留，乙草胺及其代谢产物对环境污染问题正引起人们越来越多的关注。

1.2.4 寒冷地区农业面源污染的特点

对于寒冷地区，每年冬季过程较漫长，冰冻、积雪和冻融等过程对环境影响较大。寒冷地区的冬季，降雪是降水的主要形式，由于该区域冬季温度较低，蒸发量较小，促使降雪在地表大量积累（Wu and Johnston，2007），春季积雪开始融化，产生大量融雪径流，但融雪径流明显不同于降雨，而且土壤的冰冻状态直接影响了产流和地表冲刷作用。因此，寒冷地区气候和水文等条件与其他地区有着明显的不同，导致了该地区农业面源污染物的环境行为不同于其他地区。

在我国国土总面积中，有 75% 是冻土（赵其国，1993）。冻融作用可以明显改变土壤物理、化学特性，包括属物理性质的土壤团聚体结构和稳定程度、土壤水分的分布情况、土壤颗粒的吸附与解吸以及属化学性质的土壤有机质的矿化分解、土壤养分的形态转化及其有效利用和迁移状况等。因此，氮磷等农业面源污染物因受该区域环境特点的影响，环境行为会有其特殊性。冬季过程导致一些植物处于休眠期，大量植物死亡，显著降低了植物对氮磷等物质的吸收，进而使面源污染物大量积累。另外，持续的低温也影响了农业面源氮磷的转化。冻融过程会影响土壤氮磷的矿化作用。研究发现，冰冻后融化期，土壤中氮磷等物质矿化作用有显著的增加

（王利佳等，2001）。Ronvaz et al.（1994）研究发现，冻融过程前后土壤中可溶性磷浓度从 0.58mg/kg 增加到 3.21mg/kg。冬季过程后，冻土层的存在，增加了春季融雪径流的产生量，伴随着植被缓冲能力的缺失，会导致大量氮磷等面源污染物的流失。

1.2.5 农业面源污染的控制措施

施肥、灌溉和农田排水等是引起农业面源污染并导致地表水富营养化的主要因素之一。控制农业面源污染可以采用"控源节流"的方法：一是降低农田化肥、农药的施用量，来减少面源污染物的输出；二是在污染物迁移过程中对其加以截留和净化以减少污染物进入受纳水体的浓度和量。控制农业面源污染的最有效最经济的措施是控源，即是减少施用化肥和农药的总量，进行科学合理的施用。就目前我国农业发展形势来看，虽然有些农业区域施用了有机肥料或者有机、无机复合肥等，但农田大量施用化肥的情况有增无减。20 世纪 90 年代以来，我国氮肥施用量急剧增加，到了 90 年代中期，氮肥的施用量跃居世界首位，2000 年氮肥施用量超过 2.4107t 纯氮，占全世界氮总用量的 30% 左右（中国农业年鉴，2001）。一些发达的地区省份，平均每公顷化肥施用量超过了 600kg，最高的达 1059kg，其中，氮肥的施用量超过了 60%。农田氮素的流失量与施肥量密切相关，据研究结果表明，土壤氮素淋溶量与施氮肥量呈显著正相关关系，农田每公顷增施 1kg 的氮肥，通过径流损失的氮素每公顷将增加 0.56~0.721kg。因此，减少农药、化肥施用量，协调施肥比例来减少源头的排放量是预防和治理面源污染的有效措施。但我国农业种植结构具有一定的特殊性，耕地面积的减少，让农民片面追求高产量，而忽视了施肥的合理性。另外，在目前粮食危机日趋严峻的形势下，大幅度减少化肥施用量难以实现。先污染后治理这种方式，不仅投入成本过高，而且效果不明显（姜翠玲，2004）。因此，在污染物向水体迁移的途径中，进行截留和阻控就显得十分重要了，这也是控制农业面源污染的一种有效的、经济的和可行的手段。

国内外学者对农业面源污染的阻控措施进行了大量的研究。针对不同的环境特征，提出了多种技术手段，包括人工湿地净化技术、多水塘技术、生态沟渠技术、农田排水沟渠技术、河岸带净化技术等。作为中间调控措施之一的河岸带净化技术是目前应用最为广泛且较经济有效的措施。美国农业部已经把由森林、乔灌木或草本等植被构成的河岸植被缓冲带推荐为控制面源污染物的最佳管理措施（Best Management Practice，BMP）之一，在英美等国家率先应用。1999 年美国自然资源保护局又制订了"缓冲带保护标准"和"河岸森林缓冲带标准"，为河岸带生态系统的建设和管理提供依据（USDA-NRCS，1999a，1999b）。而我国对河岸植被缓冲带的研究仍处于起步阶段，通过构建河岸植被缓冲带技术来控制农业面源污染具有重要的意义。

1.2.6 河岸缓冲带与农业面源污染的控制研究进展

1.2.6.1 河岸缓冲带的定义

农业中常采用河岸缓冲带来拦截农田中的面源污染物。河岸缓冲带，可称作河岸带或河岸植被缓冲带，是水生生态系统和陆地生态系统的过渡带，包括显著影响水生生态系统物质和能量交换的陆地生态系统部分（即能够对水体产生影响的陆地区域）。它的定义分为广义和狭义两种。广义指靠近河边植物群落，包括其组成、植物种类多度及土壤湿度等高地植被明显不同的地带，也就是受河流有任何直接影响的植被。狭义指河水-陆地交界处的两边，直至河水影响消失为止的地带。目前，大多数学者采用狭义定义。另外，徐化成（1996）认为河岸带指河流两旁特有的植被带，它是陆地生态系统和水生生态系统的交错区。夏继红等认为河岸带是一个完整的生态系统，除了河水的影响区域和河岸植物外，还应包括动物和微生物，并且河岸带生态系统具有动态性（夏继红与严忠民，2004）。显然，河岸带是一种典型的生态过渡带，它介于流域和高地植被之间，具有明显的边缘效应。

1.2.6.2 河岸缓冲带的生态结构特征和功能

河岸缓冲带是一个动态的水陆交错带的生态系统，具有独特的生态结构特征和生态功能。构成河岸带生态系统的任何一个要素或者生物和物理过程的改变，都会引起其他要素和过程的变化（黄玲玲，2009）。植被是河岸缓冲带的最重要组成部分，其结构组成具有三个主要特征：①因位于河岸两侧，一般呈狭长状；②是流域生态系统和相邻生态系统进行物质交换和能量传递的必经之地，属典型的开放式系统；③与周围区域相比，河岸带具有异常高的植物物种丰富度。其空间结构具有四个主要特征：①纵向空间（上游-下游）的镶嵌性；②横向空间（河床-泛滥平原）的过渡性；③垂直空间（河川径流-地下水）的成层性；④时间分布的动态性（郭二辉等，2011）。

一定宽度的河岸带，经过水-土壤-植被综合生态系统的过滤、渗透、吸收、滞留等物理、化学作用，具有控制面源污染、净化水质等多种生态环境功能。国内外对河岸缓冲带的生态功能有一定的研究。目前的研究结果表明，河岸缓冲带的生态系统功能（图1-1）有以下几点：①保护河流水质；②防洪固堤；③有效防止水体污染；④为河流提供养分和能量；⑤保护生物多样性；⑥调节微气候和美化环境；⑦为人们提供良好的户外活动场所；⑧可作为农林牧渔业生产基地。河岸缓冲带的这些功能主要是源自河岸带植被的作用（黄凯，2007）。

1.2.6.3 河岸缓冲带对悬浮颗粒物阻控作用

河岸水体中的悬浮颗粒物（主要是泥沙）明显降低水体的透明度，影响视觉感官，抑制复氧条件。另外，悬浮固体中含有相当数量的黏土矿物和有机、无机胶体，这些悬浮颗粒物除其本身就是一种污染物外，还可以通过络合和吸附等作用与其他污染物结合，又成为许多污染物的载体。因此，有效阻控地表径流中悬浮颗粒

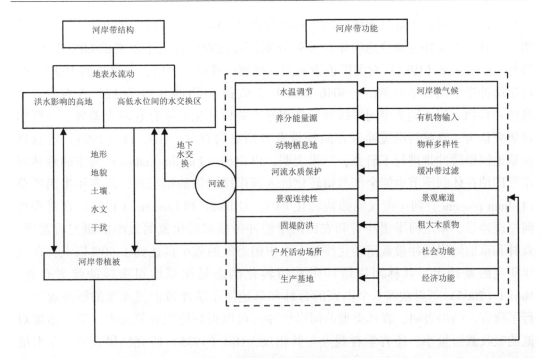

图 1-1 河岸带生态系统结构与功能

Figure 1-1 Structure and function of riparian ecosystem

物对控制农业面源污染具有重要意义。

目前，对河岸缓冲带的研究多集中在污染物去除效果方面。由于河岸缓冲带所处的特殊地理位置，由相邻陆地生态系统向河溪湖泊等水生生态系统传送的物质，必然首先经过河岸缓冲带，因此，河岸缓冲带对污染物的截留能力显得至关重要。国外学者研究表明，河岸带林地或草地可以有效地阻控地表径流中的悬浮颗粒物（SS）进入受纳水体（Al-wadaey，2012）。河岸缓冲带的植被增加了土壤表面的粗糙度，降低了土壤的紧实度，从而增加了渗透率，当地表径流流经河岸缓冲带时，径流的流速得以降低，延长了径流与地表的接触时间，水体向土层入渗，使得悬浮固体和其他悬浮物质离开径流而沉降，达到截留的目的。

1.2.6.4 河岸缓冲带对氮、磷及农药的阻控作用

自 20 世纪 80 年代初起，国外学者就开始了河岸带对河溪养分输入控制方面的研究。已有的研究表明，不论是天然的还是人工的河岸缓冲带，都能显著阻控地下水和地表水中的污染物进入水生生态系统。流域中一定宽度的河岸缓冲带可以过滤、渗透、吸收、截留、沉积物质和能量，减弱进入地表和地下水的污染物毒性，降低污染程度。

国外学者对河岸缓冲带在对溪流养分输入控制方面的研究较多，对溪流河岸带对养分阻控转化的机理及影响其阻控转化效率的因素已有了深刻的了解。许多研究表明，河岸缓冲带，如草地河岸缓冲带和森林河岸缓冲带，能有效地阻控转化来自农田的氮素。Dabney（1995）通过研究表明，在农田和水体之间建立合理的草地或

林地缓冲带，可大大降低水体中的氮和磷的含量。Lowrance et al.（1984）的研究表明，森林河岸缓冲带和草地河岸缓冲带分别能转化农田径流中氮素的 68% 和 48%。另外，Lowrance（1984）对美国佐治亚州森林河岸带研究表明，在过去的 100 年内，河岸缓冲带平均每年每英亩（4046.86m²）会截获 40 万磅（18 万 kg）左右的含氮悬浮颗粒物。但不同类型河岸缓冲带之间氮素截留转化效率存在较大差异。一些学者研究认为，森林河岸缓冲带在阻控氮素方面更为有效。Haycock（1993）对森林和草地河岸缓冲带进行了研究，结果表明，以白杨（Populus italica）为主的森林河岸带即使在休眠季节也能全部截留转化进入河岸缓冲带的硝态氮，而多年生黑麦草（Lolium perenne）河岸带仅能截留转化 84%。Osborne 和 Kovacic（1993）在对森林河岸缓冲带、草地河岸缓冲带和农田河岸缓冲带截留转化氮的效率的研究后发现，森林和草地河岸缓冲带截留转化浅地下水中硝态氮的效率都达到了 90% 以上，在全年研究的基础上，森林河岸缓冲带截留转化硝态氮比草地河岸缓冲带更有效。Mariet（2005）等对欧洲 6 个国家的森林和草地河岸缓冲带中氮元素的循环规律进行了研究，结果表明，森林类型的河岸缓冲带可以很好地吸收氮元素，草本植被对氮的吸收截留量小。还有学者观点与其相反，Hill（1975）研究结果表明，草本植物与木本植物在去除沉积物方面的能力基本相当，甚至对氮的去除能力比木本植物强。Eghball（2000）对植被缓冲带的试验表明，与免耕相结合的草地河岸缓冲带可以减少约 47% 的氮流失和 63% 的磷流失。Delgado（1995）和 Heathwaite（1998）的研究表明，草地河岸缓冲带对农业面源污染治理具有很好的效果，对总氮和总磷的平均去除率分别为 70%~95% 和 70%~98%。从整体上来说，森林植被和草地植被两种类型的河岸缓冲带在生态系统驯化中均具有重要的作用。Mander（1997）研究表明，缓冲带能有效降低悬浮颗粒物 87%~100%、农药莠去津及其代谢产物 44%~100%。Lowrance 等的研究表明，50m 缓冲区中阿特拉津和草不绿的质量浓度分别从 34μg/L 和 9.1μg/L 减少到小于 1μg/L；Arora 等发现坡度为 3% 的 20m 的缓冲区可截留暴雨径流中 8%~100% 的除草剂。河岸缓冲带的去污能力受植被覆盖度极大的影响。他还发现灌丛和林龄较小的河岸带植被对氮磷等营养物质阻控的能力较林龄大的对其阻控能力更强，这是由于幼龄植被和土壤及土壤微生物的活动能力和吸附能力更强，将保留更多的营养用以树木的生长，而林龄大的植被林地通常处于养分输入和输出的平衡状态。

我国在溪流河岸缓冲带方面的研究起步较晚，目前对河岸缓冲带的功能，特别是河岸缓冲带对氮、磷等营养元素阻控机制研究不够深入。肖洋（2008）对北京山区森林植被对面源污染调控机制进行了研究，结果表明，森林植被的增加能够有效减少泥沙和面源污染物的流失。从 1990—2005 年这 16 年间，森林植被的增加使泥沙流失量共减少了 701.77t，流失的有机氮共减少了 2700.23kg，流失的有机磷减少了 109.98kg，泥沙吸附态磷减少了 38.62kg，硝态氮共减少了 714 398.28kg。唐浩（2009）利用自行设计的试验装置构建草皮缓冲带，模拟上海地区农业面源污染和降雨特征，进行缓冲带污染物净化效果试验研究。结果表明，草皮的存在明显提高缓冲带对污染物的净化效果，并且能增强缓冲带土壤的渗透能力；草皮缓冲带对渗流水营养物质的净化效果明显高于径流，白花三叶草对渗流水总氮（TN）和总磷（TP）平均去除率最高，分别为58.27%和60.49%；王磊（2006）通过对扎龙湿地缓冲带的采样分析发现，生长季湿地缓冲带对氮磷营养物质具有很强的去除能力，对总氮（TN）和总磷（TP）的去除率分别达到了74.1%和84.6%。李睿华（2006）利用两种混合植物带（香根草+沉水植物、湿生植物+香蒲+芦苇）对受污染河水进行中试研究，并与无植物空白带进行了对比。结果表明，混合植物带对污染物的降解效果优于无植物空白带，其中香根草+沉水植物带效果最好，它在整个运行期间对COD、氨态氮（NH_4^+-N）和总磷（TP）的去除率分别为43.5%、71.1%和69.3%。因此，在国内开展河岸带对面源氮素污染的截留转化效率及机理的研究，为河岸带的科学管理、维护和恢复提供基础数据就显得尤为重要。

1.2.6.5 河岸缓冲带对农业面源污染的阻控机理

河岸缓冲带可以通过一系列物理、化学、生物及生物化学过程实现对面源污染物的阻控作用。地表径流中的面源污染可以通过沉淀、渗透作用来实现污染物的去除（Hill，1996），也可通过植物的吸收（Lowrance，1992）、微生物的固定分解和土壤吸附（Hill，1996）等过程去除污染物。农业面源污染物主要随着地表径流和地下渗流进入水体，因此，阻控农业面源污染的机制主要是植物吸收、土壤渗透作用以及土壤生物地球化学过程。

（1）植物吸收。

植物吸收作用是河岸缓冲带去除氮磷的重要途径之一。径流携带着面源污染物氮磷等元素流经河岸缓冲带，植被根系会吸收氮磷元素。因此，植物通过吸收养分物质，可使氮磷等面源污染物固定在河岸缓冲带体系中，减少其向河流的排放。Peterjohn et al.（1984）和Hefting等（2005）的研究发现，森林和草本河岸植被缓冲带可以摄取氮素的含量高达170kg/ha. year；Kelly等（2007）研究发现，缓冲带对磷素的摄取可高达49kg/（$hm^2 \cdot a$）。不同地区的植被类型对氮磷等吸收的能力有所不同。Mander等（1997）分别对爱沙尼亚Viiratsi和Porijogi地区的森林缓冲带进行了研究，发现两个地区的缓冲带对氮的总吸收量分别可达140.2kg/（$hm^2 \cdot a$）和204.8kg（$hm^2 \cdot a$），对磷的总吸收量分别可达10.8kg/（$hm^2 \cdot a$）和15.1kg/（$hm^2 \cdot a$）。植被对氮磷的吸收与其年龄和生长状况有着密切的关系，研究表明，5年生杨树年储存氮磷含量分别可达117.1g和10.5g；8年生水杉年储存氮磷含量分别可达70.6g和3.8g（陈金林，2002）。Naiman et al.（1997）研究表明，在植物的生长季节，植物吸收作用是去除缓冲带内氮素的重要途径之一，而在冬季，植物的吸收作用会明显下降，甚至停止。另外，植物对养分的需求量与其年龄相关。幼龄林对氮磷的吸收量明显高于成熟林（Mander, et al.，1997）。植物生长初期，对氮磷等养分摄取的量较大，当植物生长逐渐成熟时，对养分的需求也随之下降。

（2）土壤渗透作用。

植被的存在提高了土壤的渗透作用。植物地上部分以及植物枯枝落叶增加了地表的粗糙程度，阻滞了地表径流，降低了水流速度，增加了水与土壤表面的接触时间，从而更有利于径流水渗透到土壤中。植物根系的生长，增大了土壤的孔隙度，从而增加了土壤渗透性。土壤良好的渗透作用促进了地表径流中面源污染物质的沉降。植物繁茂的枝叶可以阻拦降水进入土壤（Tabacchi, et al., 2000），同时植物地上部分通过蒸腾作用以及根系吸收等作用将水分转移出去，进一步干燥了土壤，从而增强了土壤的渗透能力。有研究表明，植被的存在提高了河岸带和整个流域的蒸散作用（Kellogg, et al., 2008）。含水率较低的河岸缓冲带土壤可以增加地表径流的渗透量，同时河岸带植被通过蒸腾作用降低地下水水位，使得河水通过潜流层进入河岸缓冲带中，从而使植物根部又进一步吸收了水分及所携带的养分，进入另一次的循环转化之中。

（3）土壤生物地球化学过程。

土壤生物地球化学过程是阻控农业面源污染的机制之一，如氮素的固定和反硝化作用，以及有机物的分解等过程均离不开土壤酶和微生物的活动。土壤酶来自微生物和动植物活体或残体，是一种具催化特定化学反应性质的蛋白质分子，在土壤生化反应中发挥重要作用。土壤酶活性是表征土壤微生物活性的重要指标（陈恩凤，1979），其中脲酶和磷酸酶的活性是评价土壤可利用氮磷元素含量的有效指标（孙瑞莲等，2008）。土壤酶对于土壤的净化作用具有重要意义。有研究表明，人工湿地中土壤酶活性大小与污染物去除率有一定的相关性，可将酶活性作为一个判定指标（Reddy and Dangelo, 1997）。污染物可以通过土壤酶的分解，从而被植物更有效地吸收利用。吴振斌和梁威（2001，2002）等发现：湿地脲酶的活性与凯氏氮的去除率存在极显著的相关关系；磷酸酶的活性与污水中无机磷、总磷和化学需氧量去除率存在显著的相关关系。

微生物代谢作用与体系中污染物的去除也存在密切的关系。河岸缓冲带中氮素的循环转化受微生物作用影响较大。在好氧环境下，植物根区微生物硝化细菌可通过硝化作用将氨态氮（NH_4^+-N）转化为硝态氮（NO_3^--N），通过渗透作用去除，同时也可以被植物吸收利用；当缓冲带内排水不畅，造成厌氧环境下，反硝化细菌可通过反硝化作用将土壤中原有的或通过径流带入的 NO_3^--N 还原为 N_2 释放到大气中，彻底将氮素从缓冲带体系中去除。反硝化作用是河岸缓冲带去除氮素的主要机制，其中微生物硝化细菌和反硝化细菌发挥了重要的作用。微生物对磷素也有一定的降解作用，特别是植物根区的微氧化环境，更有利于微生物对有机磷的降解，从而使植物更能有效地吸收磷素，达到去除磷素的目的。Mulholland（2004）研究发现，生长在植物叶片残体上的微生物通过吸收和同化作用，每年可以减少大约20%的硝酸盐和30%的可溶性活性磷进入森林溪流中。

1.2.6.6 河岸缓冲带对农业面源污染阻控作用的影响因素

河岸缓冲带可以有效地阻控农业面源污染物进入水体（Kim, et al., 2007），但不同缓冲带之间对面源污染物的阻控作用能力存在较大差异。这主要是受河岸缓冲带植被类型、河岸带宽度及坡度、水文条件、季节变化等因素的影响。

其中，国内外学者对河岸缓冲带的适宜宽度进行了大量的研究，众多学者针对具体区域中不同宽度的河岸缓冲带截留氮和磷的效果进行了大量的野外试验研究。通常认为，河岸缓冲带越宽，对氮和磷等营养元素的截留转化能力越强。但由于各地区具体环境条件的不同，河岸带宽度的划分没有统一的标准，需因地制宜设定缓冲带的具体宽度。通过查阅相关权威文献资料总结，宽度在 10~50m 之间的森林植被缓冲带和湿地缓冲带能够很有效地过滤营养元素。但 5~6m 宽的河岸缓冲带仍然可以减少地下 80% 的硝酸盐进行迁移（Muscutts, et al., 1993）。不同学者对河岸缓冲带提出了不同的适宜宽度，如表 1-1 所示。Smith（1989）在新西兰的研究中发现，10~13m 宽的牧场河岸带截获地表径流中的悬浮沉淀物和颗粒状养分达 80% 以上，对溶解态氮的去除达 67%（Smith, 1989）。Dillaha et al.（1989）在美国弗吉尼亚州的研究发现：9.1m 宽的草地河岸带可去除 84% 的悬浮颗粒物，当宽度减小到 4.6m 时，悬浮颗粒物消除率则为 70%，地表径流中的总氮截留转化率从 73% 减少到 54%；当河岸带宽度由 4.6m 增加到 9.1m 时，总氮消除率由 17% 增加到 51%。Peterjohn（1984）等研究发现农田与水体之间植被带达到 16m 时可有效过滤硝酸盐，达到 50m 宽的河岸植被缓冲带能减少进入地表水 89% 的氮和 80% 的磷。根据Wenger and Fowler（2000）研究表明：最有效的缓冲带宽度应该至少达到 30m，缓冲带要有宽阔的天然林作为植被，所有的溪流，甚至小溪都应具有这样的宽阔森林植被作为河岸缓冲带。美国农业部在耕地保育计划中推荐的植被缓冲带长度为 20~30m，而在森林集水区内，溪流两旁的保护带最少需长 30m（林昭达等，2005）。

表 1-1　不同学者提出的适宜河岸带宽度值

Table 1-1　Different scholars put forward the suitable width values of riparian buffer

功能	作者	发表时间（年）	宽度（m）	说明
水土保持	Gillianm J W	1986	18.28	截获88%的农田流失土壤
	Cooper R J	1986	30	防止水土流失
	Lowrance	1988	30	减少50%~70%的沉积物
	Erman	1977	30	控制养分流失
防治污染	Cooper R J	1986	30	过滤污染物
	Correllt	1989	30	控制磷的流失
	Keskitalo	1990	30	控制氮素
	Stauffer & Best	1980	200	保护鸟类种群
生物多样性保护	Brinson	1981	30	保护哺乳、爬行和两栖动物
	Cooper R J	1986	31	为鱼类提供多样化生境
	Rohling	1998	46~152	保护生物多样性的合适宽度
	Erman	1977	30	增强低级河流河岸稳定性
其他	Steinbluns I J	1984	23~38	降低环境温度5~10℃
	Budd	1987	15	控制河流浑浊

在我国，Chen（2002）等通过缓冲林带对太湖地区农业面源污染进行控制，并确定了最佳的农田与林带宽度比例。研究表明：当农田与林带宽度比例为100∶40时，在油菜-水稻轮作方式下，50.05%流失氮和29.3%的流失磷可以被林带所吸收，在小麦-水稻的轮作方式下，30.98%流失氮和86.73%流失磷可以被林带所吸收；当农田与林带宽度比例为150∶40时，在油菜-水稻轮作方式下，33.7%流失氮和19.58%流失磷可以被林带吸收，在小麦-水稻的轮作方式下，20.65%流失氮和57.82%流失磷可以被林带所吸收。因而，农田与林带宽度比例为100∶40或150∶40时较为合理，这种模式既能少占耕地，又能净化水质，保护生态环境。王敏等（2008）通过开展径流污染物净化效果现场试验。试验研究不同坡度百慕大植被缓冲带对径流污染的净化效果及其对缓冲带最佳宽度的确定，试验通过拟合缓冲带内污染物沿程浓度变化和距离之间的关系，以水功能区划要求的水质标准为控制点，计算出所需的缓冲带最佳宽度。结果表明，缓冲带净化效果显著，其中2%坡度需要的缓冲带最佳宽度为16.1m，5%坡度则为24.7m（王敏等，2008）。黄玲玲（2009）对竹林河岸缓冲带进行了研究，结果表明，通过植物吸收转化、土壤截留、减少土壤水输出等物理的、生物的和生物化学的过程，20～30m的竹林河岸带可以有效降低相邻农田氮磷等营养元素通过面源途径向河流的输入，从而达到减轻河流面源污染的目的。氮素污染物在进入河岸带后，河岸带对其的清除作用主要发生在河岸带的前部，5m宽的河岸带清除氮素超过54.78%，理想情况下，10m宽度即可截留91.17%的氮素。

季节的变化对缓冲带去污能力的影响仍较明显，尤其是对冷季型河岸植被缓冲带。从植物吸收的角度来说，植物在生长季节对养分的需求量较大，特别是生长初期，对养分的吸收量增大，吸收速率明显加快，而当植物逐渐成熟后，其对养分的需求量较少（Boyd，1978）。在寒冷地区，大部分植物在非生长季节枯萎，仅剩余一些耐寒草本活常绿林植被，但其对养分的摄入量仍然较少。

寒冷地区，河岸缓冲带内氮素的迁移转化机制会随季节而变化，与温暖地区有一定差异。在植物生长季节，河岸缓冲带对硝态氮的去除可以通过植物吸收和反硝化作用得以实现。而在植物非生长季节，植物吸收能力迅速下降，甚至停止，但反硝化可以在寒冷季节里继续进行。因此，此时反硝化作用成为硝态氮去除的主要机制。国外学者对寒冷地区河岸带去除面源污染做了相关研究发现，河岸缓冲带在晚夏时节对氮素的去除效果较好，阻控效率高达95%，而在冬季去除率仅为27%～38%，这主要是冬季植物吸收作用受到限制，同时氮素输入有所增加所造成的综合结果（Maitre，et al.，2003）。也有研究表明，河岸缓冲带在夏季和冬季对污染物的去除效率没有显著的不同（Syversen，2005）。

寒冷地区，磷素在河岸缓冲带体系中的去除较温暖地区也有一定差别。有研究发现河岸缓冲带植被，在休眠期间会向地下水中释放总磷，Ulén（1997）研究发现冰冻可显著增加草地缓冲带可溶性磷的浓度，Bechmann et al.（2005）也发现冻融过程使耕地中土壤可溶性磷的浓度增加约 100 倍。Syversen（2002）研究发现冬季后所引发的径流中可携带超过全年 90% 的总颗粒物和总磷负荷，但在冬季与夏季中，河岸缓冲带去除颗粒物及其附着的养分的效率上并没有差异。Uusi-Kämppä and Jauhiainen（2010）的研究表明，在夏季和秋季，河岸植被缓冲带能很有效地截留磷素，而在春季，缓冲带的阻控能力明显下降。

1.2.7 生物炭对农业面源污染物质去除研究进展

在寒冷地区，由于受到冬季过程的冰冻作用、冻融过程、雪的积累和融化作用等方面影响，农业面源污染物质的环境行为有其特殊性。这些冬季过程显著影响面源富营养化物质源头及其转化，影响土壤结构和富营养化物质流失。冬季过程导致植物根部和地上部分的死亡，可显著提高土壤中面源富营养化物质的浓度。同时，由于冻融作用，土壤理化性质发生改变，使土壤富营养化物质浓度有所提高。因此，由春季雨雪融化所产生的径流引起的面源污染不容忽视。前期工作发现，春季冻融后，由于此时河岸带植被尚未复苏，农业面源污染的贡献率较大，几乎占全年贡献率的 1/2 以上（Tang，2013）。因此，有必要对春季冻融后引起的面源污染进行有效防控。那么，能够及时采用化学吸附的方式进行污染物的截留阻控就显得尤为必要了。

生物炭以农业废弃物秸秆等为原材料制备而成。每年以玉米秸秆为主的各类农作物秸秆产量 3200 万 t，其中玉米秸秆约 80%。目前，由于缺乏处置技术，科技转化的力度不够，秸秆的经济价值难以发挥。过剩的秸秆资源多焚烧于田间或散乱堆放于村内，成为造成大气雾霾和农村环境污染的重要因素。如果能有效回收秸秆，使农民找到秸秆"变废为宝"的途径，将其资源化利用，在给农民带来经济效益的同时，还能够有效控制环境污染。因而，为加强雾霾治理力度，2016 年，辽宁省政府办公厅出台了《关于推进农作物秸秆综合利用和禁烧工作的实施意见》（以下简称《意见》），计划在 3 年内，使辽宁省秸秆综合利用率达 85% 以上。此《意见》的提出，更加说明了在辽宁省加强秸秆废弃物资源利用的必要性，这也是生物炭材料应用在环境保护治理与修复领域中的必然趋势。

目前，能够去除氮磷等农业面源污染物质的吸附材料有很多，国内外学者对其进行了大量的研究。在水体中，吸附剂主要靠其特殊的表面结构和孔隙来吸附去除硝酸盐和磷酸盐。近年来，许多低成本的吸附剂材料被广泛地应用到对硝酸盐和磷酸盐的去除中，例如，利用沸石、竹炭、石英砂、椰壳活性炭和壳聚糖等去除硝酸盐和磷酸盐，都取得了较好的效果。而在农田土壤中，化肥的施用不当很容易造成农田养分流失和肥料利用率降低，氮和磷的流失不仅给农业生产造成巨大损失，而且容易引起水体富营养化，给生态环境带来了潜在威胁。近年来，利用秸秆炭和黑炭等生物炭作为土壤改良剂来减少养分流失和对农药除草剂等污染物去除的研究日益增多，这也为其应用在河岸缓冲带中提供了一定的参考和借鉴。

1.2.7.1 生物炭对土壤结构以及养分流失的影响

生物炭是指由各种生物物质经高温裂解而得的副产物，即生物物质在缺氧或少氧的情况下，经过高温分解和炭化作用而获得的固体物质，这些生物物质来源非常广泛，包括：①木质原料；②农业生产上的遗弃物，如作物秸秆、禽畜粪便等；③有机废弃物；④其他废弃的生物物质。因此，作物秸秆炭、甘蔗渣活性炭、竹炭、椰壳活性炭等各类型的吸附剂炭材料都可以看作是生物炭。研究表明，在沙壤土中加入山核桃壳制作的生物炭不仅能提高土壤的 pH，增加土壤有机碳、钙、钾、磷和锰等含量，还能减少土壤中钙、锰和磷等的流失。

生物炭是一种固体生物燃料，其生成条件是生物质在厌氧或无氧条件下加热分解，分解后产物便为生物炭，其表面具有大量的孔隙且碳含量和热量值均较高（黄华等，2014）。生物炭是碳在环境中存在的一种形态且性质非常稳定。生物炭在环境中很难降解，生物降解率和氧化速率均十分缓慢，可存在上千年。生物炭的性质会根据生产原料和生产过程中温度、压力、加热时间长短等因素而有一定的差异性。研究表明，将生物炭施入土壤使其结构发生改善，在改善作物品质提高作物产量的同时，还可修复污染物土壤。生物炭在抑制污染物危害、修复污染土壤及利用废弃物资源方面具有重要的作用。此外，在生物质能获取和碳排放交易等方面也占据着重要的地位。

有研究认为，生物炭改良土壤环境的原因是使土壤 pH 的提高和对影响物质的吸收。还有研究表明，土壤中的生物炭会使微生物的群落结构和丰度发生改变（韩光明等，2014；Grossman and Thies，2010）。上述的研究说明，生物炭会对土壤的结构和营养元素的迁移转化产生作用，从而对作物产生有利的影响。

施入土壤中的生物炭可以减少土壤中氮、磷、钾等元素的流失，增加土壤持水量，通过降低水分的流通性而减少土壤养分的流失。国外学者用生物炭进行土壤淋溶试验的结果表明，生物炭可通过降低土壤营养元素的流失从而对土壤进行改良（Laird，et al.，2010）。生物炭的作用包括以下几方面。

（1）生物炭会为土壤中的作物提供大量的营养物质。作物生长发育会吸收大量的营养物质，在成熟收获时会将这些营养元素从土壤中带走，营养物质的减少会使土壤结构退化，减少阳离子交换量和有机质，降低土壤的保水保肥能力，使农业生产力下降。生物炭通过生物质加热分解后生成，其中含有大量的营养物质，在土壤中施入生物炭会为土壤提供大量的营养物质，这些营养物质会被土壤中的作物所吸收，提高土壤的养分利用率和农业生产力。

（2）生物炭具有较强的固持能力。其原因是生物炭的比表面积很大，而且其表面有较多的官能团，因此，可大量地吸收土壤中的铵态氮、硝态氮，从而抑制土壤中的氨挥发到大气中，大幅度地减少土壤中氮元素的损失，提高化肥的利用率。研究表明，生物炭的施用可显著提高土壤中全氮和有机碳的含量，生物炭的含量与土壤全氮和有机碳的含量达到显著性正相关。与对照相比，生物炭与肥料配施的效果可显著增加土壤有机质含量、阳离子代换量及有机质中碳氮含量。

（3）施用生物炭可以提高土壤有机质的含量。其原因包括两个方面：一方面，生物炭具有比表面积大、官能团多的特性，生物炭会吸附土壤中的有机物质，有机分子在表面催化作用下不断聚合并最终生成土壤有机质；另一方面，生物炭独特的碳架结构使其自身降解较慢，更加有利于土壤中腐殖质的生成，在这种长期作用下土壤肥力会大幅度提高。在热带地区其环境为高温高湿，因生物炭的生物和化学稳定性较高，所以，在这种情况下生物炭更加难以降解，会提高土壤中的有机质含量。

1.2.7.2 生物炭对土壤中有机污染物环境行为的影响

前期的研究主要集中在生物炭对土壤肥力的提高和土壤结构的改善，但是，随着学者的深入研究，与其他天然炭相比，生物炭对于有机污染物的吸附量更大，可能高出几十甚至上百倍。20 世纪 50 年代，有研究表明，在土壤中施入少量的生物炭，即可显著增加土壤对有机污染物的吸附作用。生物炭添加量的质量分数超过 5% 时，对有机污染物的吸附便由生物炭起主要作用。对有机物的强烈吸附，使生物炭对其在土壤中的环境化学行为有巨大的影响。

生物炭对于有机污染物的吸附主要包括表面吸附和分配作用吸附，除此之外还有其他的一些微观作用机制。不同热解温度对于生物炭的性质有很大的影响。热解温度较低时，制备的生物炭有机官能团较多，对有机污染物的吸附作用机制主要是分配作用；而较高的热解温度会使生物炭的表面积和孔隙度有所增加，同时有机成分的含量则有所减少，其吸附机制主要是表面吸附。生物炭的吸附机理有以下几方面：第一，生物炭的表面有很多的羧基、酚羟基等含氧官能团，这些官能团会与有机污染物之间形成特别稳定的化学键；第二，生物炭中含有大量的电子，这些电子在有机污染物表面发生电子作用，这种作用会使生物炭对有机污染物吸附作用增强。生物炭表面的饱和吸附量与吸附剂比表面积呈显著的正相关关系。有研究表明，不同热解条件下制备的生物炭对苯二酚的吸附作用差异显著，较高温度制备的生物炭对苯二酚吸附量较大。当邻苯二酚浓度较低时，其吸附量与生物炭的比表面积呈线性相关，其吸附的主要作用为表面吸附。对生物质进行热解生成的生物炭其炭化性并不完全，所以对有机污染物的吸附由表面吸附和分配作用两种机制共同完成。除上述机制以外，一些微观吸附机制也会对有机污染物的吸附产生一定作用。生物炭含有大量孔隙，污染物分子进入这些孔隙中，会阻止这些分子自由进出。因生物炭表面的吸附点位所具有的能量和吸附饱和度不同，所以，生物炭对有机污染物的吸附是非线性的。土壤中有机物污染物的最大吸附量会随着土壤含碳量的增加而增加，其非线性吸附的程度也逐渐增加。

生物炭的吸附强度和解吸滞后性与很多因素有相关性，如生物炭自身的特性、土壤环境的酸碱度、有机污染物亲疏水性分子的大小、有机污染物的浓度等。生物炭的孔隙较多，土壤中的大分子有机物可能会将孔隙堵塞，且较难进入生物炭内部孔隙。土壤中的水分子会与生物炭表面存在的大量含氧官能团发生化学反应，通过氢键力与生物炭结合，使有机污染物分子产生竞争吸附，因此，土壤水也是生物炭吸附有机污染物的重要影响因素。另外，有机污染物的浓度对生物炭的吸附作用也会产生重要影响。如果有机污染物为极性化合物，那么其吸附性要强于非极性化合物，其原因在于极性化合物会通过电子供受体的作用使吸附作用加强。生物炭表面具有一定数量的疏水点位，可与有机物污染物产生范德华力增强其吸附作用，在这种情况下，与非平面的有机污染物相比具有平面结构的疏水性的芳香化合物的吸附能力更强。其原因是，非平面有机污染物会产生空间位阻从而限制与生物炭接触。还有研究表明，有机物共存对生物炭的吸附作用也有一定的影响，当西玛津和莠去津在土壤中共存时，两种农药会发生竞争吸附，使生物炭对两种农药的吸附量均有所降低。黑炭可降低土壤中农药的生物有效性。土壤中黑炭含量越高，黑炭表面积和微孔性越强，对农药生物有效性影响作用越大。张燕等（2009）和田超等（2009）分别研究了木炭在土壤中对除草剂苄嘧磺隆和异丙隆的吸附-解吸特性，表明木炭对除草剂有很强的吸附能力。木炭粒径越小，对除草剂的吸附能力越强；木炭添加量越多，对除草剂的吸附量越大，木炭添加量与其对除草剂的吸附量呈显著正相关。Wang et al.（2010）对比研究了土壤中添加生物炭和有机污泥对农药特丁津的吸附作用，生物炭表现出了比有机污泥更高的吸附农药特丁津的能力。

外界的环境条件，如环境温度对生物炭吸附有机污染物具有一定影响。有研究表明，竹质生物炭对甲醛的吸附能力会随温度的升高而升高，其主要原因是因为分子运动速率加快。影响生物炭的吸附因素还有环境的酸碱度，有机污染物的酸碱度也是其中一个影响因素。研究表明，生物炭对莠去津的吸附量随着水溶液 pH 的升高而升高，而后又逐渐下降，其原因是水溶液的 pH 升高会使莠去津的形态发生改变，从而使吸附量有所增加，但随着 pH 增加，生物炭的表面聚集了大量的负电荷，占据了一定的吸附点位，因此，使其对莠去津的吸附量降低。

被生物炭吸附的有机污染物与微生物之间的作用有所减弱，因此，减弱了微生物对有机污染物的降解能力，使有机污染物的降解时间有所延长。Jones 等的研究证明了上述理论，生物炭吸附西玛津结果表明，生物炭使西玛津吸附作用加强且抑制了微生物的活性，生物炭降低了西玛津的生物降解率且使其迁移性减弱，且生物炭的稳定性使其可在土壤中长期存在。上述研究表明，施用生物炭可降低有机污染物对环境和人类的危害。

有研究表明，生物炭具有一定的稳定性，而相对于生物炭，有机污染物的稳定性较差，会随时间的推移而慢慢老化。在这种情况下，生物炭对有机污染物的吸附会发生变化。因此，为研究这种情况，余向阳等通过室内模拟试验研究施入土壤的生物炭对敌草隆的吸附作用。结果表明，施入生物炭后，土壤对有机污染物农药的吸附容量和强度均有所增强，且吸附强度不随时间的延长而减弱，尽管农药的稳定性会随时间的推移而有所老化，但仍有较多的农药被吸附得十分紧密。施用生物炭降低有机物污染是修复污染土壤的有效方法。生物炭对土壤农药的吸附既可以通过减弱农药的生态毒性从而减小对土壤中农作物的污染，也可以降低农药的生物有效性，增加土壤对农药的固定且延长农药在土壤中的存留时间。

生物炭的多孔性和表面特性为土壤微生物生长与繁殖提供了良好的栖息环境，使它们不易受土壤淋洗的影响，减少了微生物之间的生存竞争，能保护土壤有益微生物，特别是菌根真菌的繁殖与活性。研究发现，生物炭保留细菌的能力大部分取决于其灰分、孔径和挥发物含量等特性。土壤微生物生态特征与土壤理化性质关系密切，生物炭的添加能够改变土壤中养分的生物可利用性，同时也会引起生物群落结构发生相应的变化。研究表明，生物炭改良的土壤中，真菌、细菌和古细菌种群在群落组成和多样性上都有显著变化。与未改良的土壤相比，施加生物炭的土壤细菌多样性显著增加，并且这种增加在植物的属和种以及科的水平上都有所体现。生物炭还可以引入其他不稳定碳，如一些酸类、醛类、酯类、碳氢化合物和苯酚等。高温单孢菌科、鞘氨醇单胞菌科、酸热菌科等微生物能够利用范围更广的碳源，并释放出其他微生物较容易利用的碳源。

1.3 研究区概况

1.3.1 辽河保护区地理位置及区域水系

辽河流域地处我国东北地区的西南部，发源于河北省七老图山脉之光头山，流经河北、内蒙古、吉林、辽宁4省区，至盘锦注入渤海，流域面积$21.96×10^4km^2$，全长1345km。其中，辽宁省境内的流域面积约为$4.38×10^4km^2$（含支流流域面积）。辽河保护区是由辽宁省委、省政府（于2010年3月）批准，依辽河干流设立的狭长区域。保护区始于东西辽河交汇处（铁岭福德店），穿越铁岭、沈阳、鞍山、盘锦4市，终于盘锦入海口，地理坐标为东经123°55.5′~121°41′，北纬43°02′~40°47′，占地面积为1869.2km²。

辽河的上游为老哈河，流经宁城县、赤峰市、红山库区、石门子，至海流图与西拉木伦河汇合后，以下便称西辽河。西辽河流经河北、内蒙古、吉林3省区，在康平县进入辽宁省，并在昌图县福德店附近与发源于吉林省辽源市萨哈岭山的东辽河汇合，自汇合处至入海口河段称为辽河干流。辽河干流流经铁岭、沈阳、鞍山、盘锦等4市的昌图、开原、两家子农场、银州区、铁岭县、康平、沈北新区、法库、新民、辽中、台安、盘山、大洼、兴隆台、双台子等县（区）。

试验地点位于辽宁省辽河保护区境内，属辽河干流区域，试验小区位于铁岭市银州区双安桥东侧（42°19′763″N，123°50′410″E）。该区域属于温带大陆性季风气候，全年日照时间2700h，年平均降雨量655mm，全年平均温度6.8℃，全年温度最低月份在一月，平均气温零下13.7℃，全年温度最高月份在7月，平均气温23.7℃。全年冰冻时间大约150天，无霜期为127~162天。如图1-2所示。

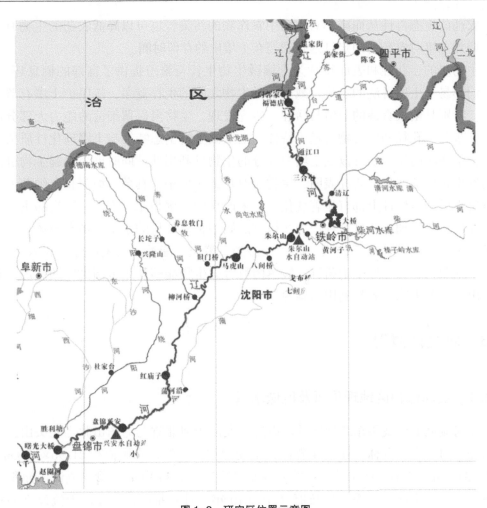

图 1-2　研究区位置示意图

Figure 1-2 Location of experimental site

注：☆为试验区位置

1.3.2　地形地貌

辽河流域地层分布较全，岩性种类多，除三叠系外，各时代地层均有不同程度的出露，其地形主要以山地、丘陵、平原等为主。辽河流域的山地主要分布在东西两侧，东侧为长白山脉，西侧为燕山山脉和大兴安岭的南端，地势较高，一般海拔在 500m 以上，地势由北向南，由东西向中部倾斜（赵军等，2005）。

辽河干流所处地貌为河漫滩及一级阶地，土层均为第四系冲积物。河漫滩表层岩性多为冲积粉细砂、粉土、淤泥质黏性土，砂土多松散，黏性土一般呈流塑状态。河漫滩植被较少，一级阶地植被较丰，局部分布有沟、塘、路、桥等。沿河流方向地势起伏不大，横向地势呈凹形，总体呈现上游高下游低的趋势。在河床下有松散且局部极松或中密的粉砂层，厚度较厚，而淤泥质粉质黏土层、黏性土层较薄。

1.3.3　气象和水文条件

辽河流域属于温带季风气候，辽河在辽宁省境内，多年平均降水量自西北向东南递增，多年平均降水量在 400~1000mm，属于季节性河流，6—9 月进入汛期，10 月至翌年 5 月为非汛期。流域内年径流有 50% 以上集中在 7—8 月。造成辽河流域大暴雨的天气系统主要有台风、高空槽、华北气旋、低压冷锋、静止锋、冷涡、江淮气旋等。辽河中下游径流主要由降雨产生，主要来源于左侧的清河、柴河、凡河等诸支流，右侧的秀水河、养息牧河、柳河等支流水量较小。

1.3.4　植被状况

辽河保护区河岸带部分区域以蒿属植物为主，常见植物有水蒿、野艾蒿、茵陈蒿、三裂叶豚草、毛脉山莴苣、大蓟。野艾蒿、大蓟、小叶樟等多年生草本植物在部分地区占有绝对优势。一些灌木已适应保护区环境，并在个别地区的河漫滩形成小规模单优群落。近年来，辽河保护区生态环境正逐步恢复，一些原生土著植物如罗布麻、华黄芪、灯心草科植物、碱毛茛属植物等重现。辽河保护区目前处于植物群落次生演替过程的初级阶段，且在部分河段人工栽植了大量灌木与乔木，因而其演替过程和植物群落组成成分的变化还需密切监测。

2 河岸植被缓冲带自然生境恢复现状分析

河岸带是介于河流与陆地之间的生态交错带，是陆地生态系统与水生生态系统之间进行物质、能量、信息交换的重要生物过渡带（Naiman, et al., 1993）。特殊的地理位置决定了河岸带在调节气候、保持水土、防治面源污染、截污滞污、营造河岸景观等生态功能方面的重要性（Stella, et al., 2013；Correl, et al., 2005；张建春，彭补拙，2003）。然而，由于我国人口众多，社会经济快速发展，特别是近年来强烈的人类工农业活动，如城镇化进程加速、水利工程设施集中建设、农牧业迅猛发展等造成了河岸带有效面积缩小、河岸滩涂裸露、生物多样性锐减、水土流失加重、水体富营养化以及自然灾害频发等生态环境问题，对区域人口的水环境安全及社会经济可持续发展构成严重威胁（郭二辉等，2011；黄凯等，2007；张鸿龄等，2012）。河岸植物群落作为河岸缓冲带的主体，也遭受到严重破坏，世界 20% 以上的河岸带植被已不复存在，所剩部分也在迅速消失（Dennis, et al., 1999）。因此，开展河岸带修复，采取必要的人工干预措施恢复受损及正在退化的河岸缓冲带，对于水生态系统恢复与保护具有重要意义。

辽河与珠江、长江、黄河、淮河、海河和松花江水系并称为我国的七大水系。其中，辽河流域位于我国东北地区，跨辽宁、内蒙古、吉林 3 个省区。20 世纪 90 年代中期，随着东北老工业基地的建设，在经济快速发展的同时，辽河流域水污染不断加重，河岸带严重退化，被列入到国家重点治理的"三河三湖"之中，地方也开始重视辽河流域水环境治理。2010 年 3 月由辽宁省委、省政府批准，正式成立了辽河保护区。这是中国首个以河流保护为目的成立的保护区。该保护区从东、西辽河交汇处昌图县福德店开始，沿辽河干流直至盘锦入海口，流域面积 20.16 万 km^2。保护区属温带半湿润大陆性季风气候，年均温在 4~9℃，降水量为 600~700mm，土壤类型主要为棕壤、风砂土和泥炭沼泽土。为恢复辽河流域河流自然生境，在保护区全河段内的河道两侧实行了自然封育、农田撂荒、退耕还草、退耕还林政策，使河岸带生态系统受人为干扰破坏压力减小。本研究选择辽河保护区为研究对象，分析研究自然封育 2~4 年后，河岸带植被盖度、植被种类、河岸带有效宽度、地貌及土地利用状况的变化，为我国河岸带自然生态恢复研究提供理论指导。

2.1 研究方法

2.1.1 调查断面选取

根据辽河的水域范围、河岸地形地貌，流经区域农业、经济、气候特征，以及对辽河保护区自然封育及人工强化措施的实施，沿辽河河流流向自上而下设置了 19 个调查样点。分别在上游、中游、下游各设置调查样地 7、7 和 5 个，调查样地分别为福德店、三河下拉、通江口、哈大高铁、双安桥、蔡牛、汎河口、石佛寺水库、马虎山、巨流河、毓宝台、满都户、红庙子、达牛、大张桥、盘山闸、曙光大桥、赵圈河和红海滩入海口，具体位置如图 2-1 所示。

图 2-1 研究区位置与样点分布示意图

Figure 2-1 Location of the study area and sampling sites

2.1.2 调查内容与研究方法

在选择的调查断面区段，全面调查辽河河岸缓冲带宽度、坡岸侵蚀状况、两岸地形地貌、植被覆盖度、植被种类分布及生长情况、河岸周边农业利用特征、自然封育措施等因素。

在每个样地采用样线法进行植被调查，每个调查区段内选择典型植被区域沿着平行于河流流向设置一条长 20m 的样线，调查样线两侧各 50cm 宽度范围内的植物，记录植物生长状况、物种个数和物种盖度，其中物种盖度通过结合物种在样线上的分布、投影覆盖情况进行估算。在每个调查断面随机选取 5 个点位，采用测距仪对河床距道路或农田的距离进行测定，取其平均值记为河岸缓冲带有效宽度。

物种频度＝物种出现的样点数/样点总数。

2.2 辽河保护区河岸带植被恢复现状

河岸植物群落作为河岸缓冲带的主体，对河岸带生物多样性恢复、区域小气候调节、农业面源污染阻控起到了决定性的作用。然而，由于受人类活动的影响，目前河岸带植物群落及生态系统破坏和退化现象十分严重，农业面源污染所带来的水体污染问题也日益突出（Liu, et al. 2008；李萍萍等，2013）。自 2010 年辽河保护区实施自然封育措施后，在部分河段河岸带两侧设置了铁丝网围栏，进行了阻隔带与管理路的建设，有效制止了人为破坏、牛羊家畜啃食等对河岸带土壤与植被的破坏。河岸带植被物种多样性得到了提高，地表植被整体覆盖状况也明显改善，遭受人为破坏严重的裸露河滩地在实行封育 2~3 年后逐渐有了一年生草本植物生长。如表 2-1 所示，辽河流域大部分河岸带植被盖度提高到 80% 以上，上游植被覆盖度相对高于中下游区段。这主要与辽河中下游地区人口密度大、工农业相对较发达有关，大面积的农田开发及水利设施建设致使其河岸带覆被被严重破坏。

表 2-1 辽河流域上游–下游河岸带自然生态状况调查

Table 2-1 The investigation of vegetation buffer zone of Liao river

区域	调查样点	坐标	植被盖度及生长状况	附近土地利用现状
上游	福德店	N42°58′36″ E123°32′32″	无裸露地，植被盖度 86%，以草本植物为主	附近有农田
	三河下拉	N42°40′28″ E123°34′22″	河岸边坡有侵蚀，植被盖度 75%，以草本植物为主，间或有灌木、乔木生长	附近无农田
	通江口	N42°36′48″ E123°39′22″	无裸露地，植被盖度 88%，河岸边坡无侵蚀，以草本植物为主，湿生植物芦苇、香蒲生长茂盛	附近无农田
	哈大高铁橡胶坝	N42°25′50″ E123°52′6″	有部分裸露地，植被平均盖度 70%，以草本植物为主，伴有乔木、灌木生长	附近有铁丝网封闭的农田，但面积较小
	双安桥	N42°19′45″ E123°50′16″	植被盖度 95%，河岸边坡采用土壤–植物工程护坡，有少部分侵蚀，植被以刺槐、杞柳、蒿属杂草为主	附近有玉米农田
	蔡牛	N42°18′17″ E123°40′09″	植被盖度 90%，草本植物为主，外侧有植物防护林，以柳树为主，河岸边坡上建有管理路	附近有小面积的农田，种植玉米
	汛河口	N42°13′06″ E123°42′23″	河岸边坡处采用石笼护坡，植被盖度 88%，以草本植物为主，芦苇、香蒲较多	附近无农田
中游	石佛寺水库	N42°09′56″ E123°26′12″	无裸露地，河岸边坡无侵蚀，植被盖度 90%，缓冲带外侧设有防护林	附近无农田
	马虎山	N42°08′22″ E123°11′23″	边坡下部采用石笼护坡，植被盖度 86%	有农田，种植向日葵
	巨流河	N42°00′36″ E122°56′28″	河岸边坡存在侵蚀，无护坡措施，植被盖度 75%	附近无农田
	毓宝台	N41°54′34″ E122°53′06″	边坡下部采用石笼护坡，以草本植物为主，植被盖度 80%	附近有农田，封育外发现种植向日葵
	满都户	N41°35′18″ E122°41′14″	边坡下部采用石笼护坡，以草本植物为主，植被盖度 75%	河道管理所约 100 米内有小面积开荒菜地
	红庙子	N41°26′16″ E122°37′50″	边坡下部采用石笼护坡，以草本植物为主，植被盖度 82%	附近无农田
	达牛	N41°23′37″ E122°38′34″	边坡下部采用石笼护坡，以草本植物为主，植被盖度 88%	有农田，种植玉米

续表

区域	调查样点	坐标	植被盖度及生长状况	附近土地利用现状
下游	大张桥	N41°16′27″ E122°30′57″	河岸边坡存在侵蚀，植被盖度85%	附近无农田
	盘山闸	N41°11′15″ E122°04′41″	乔灌草植被模式，植被盖度65%，部分河岸边坡存在侵蚀	附近无农田
	曙光大桥	N40°53′51″ E121°54′17″	乔灌草植被模式，部分河岸带裸露，植被盖度65%，河岸边坡存在一定侵蚀	附近无农田
	赵圈河	N41°02′30″ E121°53′20″	部分河岸边坡存在侵蚀，植被平均盖度75%	附近无农田
	红海滩入海口	N40°53′51″ E121°49′51″	有大面积河滩地呈裸露状态，植被主要以翅碱蓬为主，植被平均盖度40%	部分区段有稻田

　　从物种多样性恢复状况来看，辽河保护区内植被类型相对单一，以自然演替初期的中生植物群落为主，适应水域特殊生境的水生和湿生植物较少。植物群落中以杨、柳、蒿、旋覆花、稗、苋、藜属为主，其中草本植物占到90%以上。茵陈蒿、小飞蓬出现的频度最大，如表2-2所示。部分区域，如铁岭双安桥、蔡牛区段中蒿属植物占了绝对优势，主要为水蒿、野艾蒿、茵陈蒿等。这可能是由于自然封育前，该区域及周边土地主要为农田，种植玉米类大田作物，农田的种植活动对河岸带土壤及生长环境产生较大影响，进而对河岸带封育初期的植物物种组成产生了决定性作用。

　　从物种生活型分析结果发现，保护区内草本植物主要为1~2年生草本植物，多年生植物相对较少。而且在19个调查断面中，除了红海滩入海口主要以翅碱蓬占绝对优势外，其他断面的植物物种组成差异不大，以多种草本植物混生为主，这与夏会娟等（2014）研究结果相一致。对内蒙古典型草原不同封育期植物群落特征的研究结果也表明，围封20年以上的样地具有最高的丰富度指数和多样性指数，但围封7年的样地多样性指数与围封2年的样地以及未围封的样地之间并没有表现出显著差异性（闫玉春等，2007；刘凤婵等，2012）。因此，较短时间的封育对于植物物种的多样性和恢复效果影响不显著。辽河保护区河岸带自2010年以来，最长封育期只有4年，而部分区段只有2~3年封育期，植被群落的演替还处于初级阶段，尚未产生差异。

表 2-2 辽河流域主要植物及其出现频度

Table 2-2 Statistic frequency of the main herbaceous species

物种	拉丁名	频度（%）	物种	拉丁名	频度（%）
茵陈蒿	*Artemisia capillaries*	89.5	老芒麦	*Elymus sibiricus*	42.1
小飞蓬	*Conyza canadensis*	89.5	芦苇	*Phragmites australis*	31.6
葎草	*Humulus scandens*	78.9	香蒲	*Typha orientalis*	31.6
野艾蒿	*Artemisia lavandulaefolia*	78.9	三裂叶豚草	*Ambrosia trifida*	31.6
野胡萝卜	*Daucus carota*	78.9	狗尾草	*Setaria viridis*	26.3
虎尾草	*Chloris virgata*	68.4	野大豆	*Glycine soja*	21.1
魁蒿	*Artemisia princeps*	68.4	垂柳	*Salix babylonica*	21.1
苍耳	*Xanthium sibiricum*	68.4	杨树	*Populus*	21.1
灰绿藜	*Chenopodium glaucum*	63.2	铁苋菜	*Acalypha australis*	21.1
苦苣菜	*Sonchus oleraceus*	63.2	猪毛菜	*Salsola collina Pall*	15.8
龙葵	*Solanum nigrum*	63.2	野稗	*Echinochloa crusgalli*	15.8
萝藦	*Metaplexis japonica*	57.9	大车前	*Plantago major*	15.8
旋覆花	*Inula japonica*	57.9	苔草	*Carex tristachya*	15.8
地肤	*Kochia scoparia*	52.6	羊草	*Leymus chinensis*	15.8
蒲公英	*Taraxacum mongolicum*	47.4	苘麻	*Abution theophrasti*	15.8

另外，在辽河保护区部分河段，如在哈大高铁橡胶坝、盘山闸、双安桥断面处实施了人工强化技术促进河岸带植被群落的恢复，主要包括植物-土壤生物护坡技术、灌木扦插护岸技术、乔灌草植被污染阻控技术等，经过 2~3 年的时间，一些灌木，如杞柳、柽柳、杨树、刺槐已适应保护区环境，河岸带内逐步形成灌-草和乔-灌-草的植被群落。

经过自然封育、人工强化技术的实施，辽河保护区生态环境目前正在逐步恢复，河岸带植物种类、植被盖度都显著增加，在一些受人为干扰小的河段还发现了灯心草科植物，如罗布麻、华黄芪、碱毛茛属等河岸带原生土著植物。然而，要想河岸带生态环境持续得到改善并逐步步入自然演替的良性发展，后期的保护管理仍然十分重要。在调查期间，发现辽河河岸带内放牧现象仍然存在，每年春季树木发芽时，动物特别是牛羊的啃食，对河岸带植被系统可能造成较大影响，甚至可能造成河岸带植被群落的进一步退化。

2.3 河岸缓冲带有效宽度及形态特征

要想确定河岸带宽度，首先应该明确河岸带定义。20 世纪 70 年代，河岸带被首次定义为河水–陆地交界处的两边，直至河水影响消失为止的地带（Whigham, et al., 1999）。后期，有人则认为河岸缓冲带是指河岸两边向岸坡爬升的由树木（乔木）及其他植被组成的缓冲区域（秦明周，2011）；另有人认为，河岸缓冲带就是为保护河溪水质、防止农业污染而规划的缓冲带系统（Young, er al., 1999）。总之，有效的河岸缓冲带应该是介于河流水体与陆地之间，能够发挥廊道功能、栖息地功能及泥沙过滤、洪峰消减、堤岸稳固、污染阻控、景观美化等功能。一个宽度合理、植被群落健康的河岸缓冲带能够在农业区、居民区与河流水体之间形成一道有效的缓冲屏障，保护河流水体免受人类活动的直接破坏。因此，在流域土地利用开发强度不断加大、流域面积持续降低、河滨带不断被破坏的同时，合理保护、构建适宜宽度的河岸缓冲带则十分必要。

有研究认为，河岸缓冲带的最小有效宽度应设置为 30m，根据河流的分级、地形地貌、河岸坡度、侵蚀状况、洪积平原、湿地、滩涂地等被保护区域的性质与其敏感性增加缓冲带的宽度（段亮等，2014）。从辽河保护区 19 个断面的调查结果发现，除了红海滩湿地面积较大，有效宽度可达数百米外，其余 18 个断面河岸带有效宽度介于 30~70m 之间，如图 2-2 所示。最大的河岸带有效宽度是 63m，该河岸带位于上游的三河下拉河段。最小的河岸带有效宽度为 35m，该河岸带位于辽河下游的曙光大桥断面。这主要是与辽河流域地貌有关，辽河流域地形多为山地，占全流域的 48.2%，其次为丘陵、平原，分别占 21.5% 和 24.3%，沙丘占 6%。位于半原、丘陵地段的湿地、漫滩的河岸带宽度相对较大，而城市段或不连续的河岸带有效宽

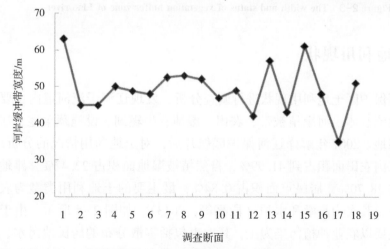

图 2-2 调查断面河岸带相对宽度

Figure 2-2 The width of vegetation buffer zone of Liao river

度较小，如图2-3所示。一般认为，河流的岸边宽度增加，河岸带生态系统在维护生物多样性、调节区域小气候、调节洪水、截留转化面源氮磷污染等功能方面所起的作用也随之增强（Stella, et al. 2013；赵清贺等，2015）。

图 2-3　调查断面河岸带现状

Figure 2-3　The width and status of vegetation buffer zone of Liao river

2.4　土地利用现状

对辽河保护区土地利用现状进行调查分析，发现辽河干流河道内主要土地利用类型包括河流水体、河岸植被带、农田、湿地、牛轭湖、设施蔬菜地、居民点、水利设施及滩地。2007年解译辽河保护区航片后，对土地利用情况的分析结果显示，辽河保护区内农田面积占到41.99%，自然植被湿地面积占22.42%，滩地和河流水体面积约占28.70%，居民点面积占0.84%，最主要的土地利用类型为农田，作物以玉米为主，其次为高粱和水稻（段亮等，2013），如图2-4所示。由于河流农业面源污染主要以农业种植污染为主，其中也包括零散分布的居民地污水、旅游污染和畜禽养殖污染。因此，河岸带大面积农田的存在是造成辽河水体面源污染的主要原因。

　　自 2010 年对辽河保护区河道两侧 500m 范围内逐步实施农田撂荒后，保护区周边土地利用表现出耕地减少、城镇用地迅速增加的态势。如表 2-1 所示，调查断面中三河下拉、通江口等 10 个调查点位封育区及周边均已没有农田，特别是下游区域，除达牛有小面积玉米农田外，其余调查样点河岸带周边均已见不到农田，表明辽河保护区河岸带生境趋于自然恢复状态并逐步向健康河岸带过渡。

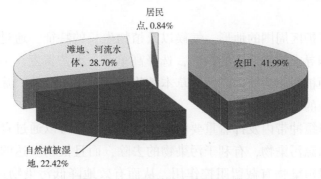

图 2-4　辽河保护区土地利用现状
Figure 2-4　The land use status of Liao river

2.5　结论

　　由于自然和人为因素的影响，退化河岸带的生态恢复与重建较为复杂。自 2010 年在全河段内河道两侧实行自然封育、农田撂荒、退耕还草还林技术措施后，保护区内河岸带植被覆盖率显著增加，大部分河岸植被盖度高于 80%。但植被类型相对单一，以自然演替初期的中生植物群落为主，适应水域特殊生境的水生和湿生植物较少。植物群落中以杨、柳、蒿、旋覆花、稗、苋、藜属为主，草本植物占到 90%以上，而且以 1~2 年生草本植物为主，多年生植物相对较少。

　　实行人工封育后，辽河保护区内河岸缓冲带的有效宽度均大于 30m。河岸带农田大量减少，土地利用类型主要为河岸植被带、湿地、河流水体、居民点、农田、滩地和水利设施。虽然河岸带退化的影响因素诸多，但只要克服或消除人为的干扰压力，采用适宜的管理措施，退化河岸带最终会由于生态演替的作用步入健康、良性的发展轨道，逐步恢复其自然生态功能。

3　河岸植被缓冲带植被的筛选

　　根据辽河保护区周围的地形、气候以及植物生长的特征，通过实地考察、查阅相关植物资料和寻求植物专家的指导，选择高羊茅、无芒雀麦、小冠花、草木樨和紫花苜蓿等5种植物作为筛选的试验草本植物。通过水培试验，筛选出去除面源污染氮磷效果较好的草本植物。

　　植物在河岸缓冲带内发挥着重要的作用，植物不仅可以通过自身组织的生理作用吸收氮磷等面源污染物，有利于污染物的去除，而且植物发达的根系和繁茂的地上部分也可以对污染物有截留阻控作用，从而有效地降低污染物进入河流的风险。因此，能否筛选到净化效果好，耐污能力强，同时又能适应当地环境条件的植物，将直接影响到河岸缓冲带对农业面源污染的阻控能力。国内外学者对能够有效去除氮磷的植物进行了大量的研究（Coleman, et al., 2001；周守标等，2007），已筛选出了多种植物，但多数研究集中在水生植物上，特别是能够应用在人工湿地系统中的水生植物，如芦苇、香蒲、美人蕉、千屈菜等。而对能够有效去除氮磷的河岸缓冲带植物的筛选鲜见报道。本试验旨在通过不同的经济植物对氮磷营养元素的去除能力，来选择最优的河岸缓冲带植物，为构建有效阻控农业面源污染以及防治水土流失的河岸缓冲带体系提供一定的理论和实践依据。

3.1　材料和方法

3.1.1　试验植物

　　对植被类型的选择应充分考虑到河岸缓冲带构建的主要目的和当地实际情况。本文试验研究区域在紧邻农田的河岸带远端，存在一定坡度，易发生水土流失且该区域受人为干扰较大，植被破坏较为严重。因此，本文选取草本植物的标准是：①在北方常见且无生态风险；②成活率高，适应环境较强；③有一定的护坡功能；④具有一定的经济和景观价值。这样，在恢复该区域生态环境的同时，又收益了一定的经济价值，可以充分发挥该区域河岸缓冲带的功能。因此，本实验选取的草本植物分别为高羊茅、无芒雀麦、小冠花、草木樨和紫花苜蓿。

3.1.2　试验设计

　　试验采用水培方式进行，首先对5种草本植物进行育苗，待小苗生长到一定的高度，将植物放入自来水中驯化培养 7d，待植物明显有新根长出。试验选择碳酸氢铵（NH_4HCO_3）和过磷酸钙 $[Ca(H_2PO_4)_2H_2OCaSO_4]$ 进行配水。根据地表水环境质量标准（GB38382002）Ⅴ类水质总磷 0.4mg/L 的标准，设置 3 种浓度梯度的人工配置污水，总磷的浓度分别与Ⅱ、Ⅲ和Ⅳ类水质相对应。3 种污水浓度范围见表 3-1。将驯化培养后的植物放入污水中，进行水培试验，试验历经 8 周。选取长势良好、大小均匀的植株，放入用黑袋包好的玻璃瓶内，不添加任何基质，不采取固定措施，保持良好通风，并防止阳光直射。各处理设置 3 次重复，5 种植物，3 个氮、磷水平共 45 组试验，设置无植物的空白试验。考虑到植物吸收和蒸腾作用以及水样挥发等影响，每天添加纯水，保持水的体积不变。每隔 7d 取样 1 次，并对其进行彻底换水。取样当天对水样进行测定，并记录植物根、茎和叶的变化。

表 3-1　人工配制污水中总氮和总磷初始浓度范围（mg/L）

Table 3-1 Original concentration of TN and TP in artifical sewage（mg/L）

试验污水水样	总氮（TN）	总磷（TP）
1	3.405±0.193	0.123±0.005
2	7.793±0.208	0.224±0.008
3	11.475±0.413	0.332±0.016

3.1.3　测定方法

总氮、总磷采用荷兰产连续流动分析仪（SKALAR SAN++）测定，在 24 h 内完成样品测定；植物的根长和茎长采用钢尺测量。

3.1.4　数据分析

总氮、总磷去除率的计算方法见公式（3-1）、公式（3-2）：

$$R_n = [(C_0 - C_n K_n)/C_0] \times 100\% \tag{3-1}$$

$$K_n = [V_0 + (A_1 + A_2 + A_3 + \cdots + A_m)]/V_0 \tag{3-2}$$

式中：R_n 为第 n 次测样时某处理对总氮、总磷的去除率（%），n 为测样次数，n 取值为 1，2，3……；C_0 为总氮、总磷初始浓度（mg/L）；C_n 为第 n 次测样时氨氮、总磷浓度（mg/L）；K_n 为第 n 次测样时的稀释倍数；V_0 为水样初始体积；A_1 为第 1 次加水体积（mL），A_m 第 m 次加水体积（mL），m 为第 n 次测样前加水次数。

采用 Excel 2003 和 SPSS 19.0 进行统计分析，用单因素方差分析方法（One-Way ANOVA）对组间数据进行差异性显著分析，并对不同植物对污染物净化效果做多重比较（Duncan's Multiple Range Test）。

3.2　不同氮磷浓度下植物根、茎和叶的变化

在植物水培过程中，植物的生长较为缓慢。水培初期，植物生长旺盛，植株颜

色鲜绿，随着水培时间的延长，从第 5 周开始，紫花苜蓿植物叶面开始发黄，高羊茅和无芒雀麦部分叶面发黄。玻璃瓶底部开始出现绿色且试验水样发出腥味。水培结束后，其他植物渐渐萎蔫，紫花苜蓿已经完全枯萎，但植物的根、茎和叶都出现了明显的增长。

由表 3-2 可知，在 3 种污水浓度下，经水培 8 周后，所有植物的根长都有一定程度的增大。随着污水浓度的增加，植物的根长逐渐增大。在 1 号和 2 号污水水样中，草木樨根长的平均增长率最大，分别为 80.3% 和 130.5%；在 3 号污水水样中，小冠花根长的平均增长率最大为 141.8%。随着试验水样氮磷浓度的增大，各植物根长的平均增长率也随之增大，除草木樨在 2 号水样和 3 号水样中根长的平均增长率无显著差异外，其他植物在不同试验污水水样中，根长的平均增长率差异均显著（$P<0.05$）。总体上，在 1 号水样中，各植物根长的平均增长率大小依次是草木樨>无芒雀麦>高羊茅>小冠花；在 2 号水样中，各植物根长的平均增长率大小依次是草木樨>小冠花>高羊茅>无芒雀麦；在 3 号水样中，各植物根长的平均增长率大小依次是小冠花>草木樨>高羊茅>无芒雀麦。

表 3-2　不同污水水样下植物根长的平均增长率（%）

Table 3-2　The mean growth rate of root in different water sample

试验污水水样	高羊茅	无芒雀麦	小冠花	草木樨	紫花苜蓿
1	68.3±2.4 a	72.6±3.8 a	62.2±1.7 a	80.3±2.4 a	—
2	92.4±4.4 b	88.4±2.1 b	114.6±2.1 b	130.5±4.6 b	—
3	100.2±3.8 c	94.8±2.2 c	141.8±5.3 c	134.4±2.6 b	—

注："±"表示标准偏差；"—"表示植物枯萎，无测量值；同一列不同字母代表差异显著（$P<0.05$）。

由表 3-3 可知，在 3 种污水浓度下，经水培 8 周后，4 种植物的茎长与根长有相同的增长趋势。随着污水浓度的增加，各植物的茎长逐渐增大。在 3 种污水水样中，草木樨茎长的平均增长率均为最大，分别为 48.2%、92.8% 和 98.5%；其次是高羊茅，茎长的平均增长率分别为 35.2%、60.6% 和 61.1%；无芒雀麦茎长的平均增长率低于高羊茅，分别为 32.6%、51.4% 和 54.8%；小冠花茎长的平均增长率最低，分别为 26.4%、45.6% 和 39.5%。总体上，各植物在 1 号和 2 号试验污水水样中，茎长的平均增长率均有显著性差异（$P<0.05$），但随着水样浓度的增大，植物在 2 号和 3 号水样中，除小冠花茎长的平均增长率有显著差异外（$P=0.041$），其余植物茎长的平均增长率均无显著差异。

表 3-3　不同污水水样下茎长的平均增长率（%）

Table 3-3　The mean growth rate of stem in different water sample

试验污水水样	高羊茅	无芒雀麦	小冠花	草木樨	紫花苜蓿
1	35.2±1.7 a	32.6±3.2 a	26.4±1.1 a	48.2±1.9 a	—
2	60.6±3.3 b	51.4±1.2 b	45.6±1.8 b	92.8±3.6 b	—
3	61.1±2.6 b	54.8±4.3 b	39.5±1.2 c	98.5±2.9 b	—

注："±"表示标准偏差；"—"表示植物枯萎，无测量值；同一列不同字母代表差异显著（$P<0.05$）。

表 3-4 为不同浓度试验污水水样条件下，经过水培 8 周后，植物叶片平均数量的变化。由表 3-4 可知，在整个培养周期内，所有植物的叶片数量均有一定程度的增加。1 号水样中，各植物平均叶片数量增加量较低，而 2 号和 3 号水样中，植物叶片数量增加比率较大，尤其是草木樨在 3 号水样中，叶片数量水培后是水培前的 4.5 倍，为所有植物叶片数量增加量最大的。无芒雀麦和小冠花在 2 号水样和 3 号水样中叶数的增加并无明显的变化。随着水样浓度的增大，高羊茅的叶片数量变化呈先增加后减少的趋势。

表 3-4　不同浓度污水水样下植物叶片平均数量的变化（片）

Table 3-4　The change of plant leaf number in different water sample

试验污水水样		高羊茅	无芒雀麦	小冠花	草木樨	紫花苜蓿
1	水培前	2.0	2.0	2.0	2.0	2.0
	水培后	4.3	3.0	4.3	3.3	—
2	水培前	2.0	2.0	2.0	2.0	2.0
	水培后	6.0	4.0	5.0	8.7	—
3	水培前	2.0	2.0	2.0	2.0	2.0
	水培后	4.7	4.0	5.0	9.0	—

注："—"表示植物枯萎，无测量值。

植物根、茎和叶的生长一定程度上反映了植物生物量的变化。本试验并没有对植物生物量进行测定，主要是考虑水培试验中，容器空间的限制，并不能客观反映植物整体生物量的变化情况。因此，通过植物各组织器官的生长比例变化，来反映植物对氮磷的吸收能力以及植物生物量的变化程度。本试验研究发现，除紫花苜蓿外，各植物根茎叶在不同浓度污水中均有一定的增长，但各植物之间差异显著。草木樨能更好地适应各浓度污水环境，其生长能力较强。据资料显示草木樨在土壤生长，平均每日株高可伸长 10cm 以上。

3.3　不同植物对水中氮的净化效果

3.3.1　不同培养周期植物对水中总氮的去除效率

图 3-1 为不同培养周期下 1 号水样中植物对总氮的去除率图，可知，在 1 号试验水水样中，各植物对总氮均有一定的去除效果，且对总氮的去除率明显高于空白试验。单因素方差分析表明，各处理之间差异显著（$P<0.05$），并对不同植物在同一培养周期内进行了多重比较，结果如图 3-1 所示。第 1 周，无芒雀麦对总氮的去除率最高，为 55.0%，其次是草木樨和高羊茅，去除效率分别为 54.5% 和 50.2%，三者多重比较的结果显示差异不显著；第 2 周，高羊茅对总氮的去除率最高，为 47.9%，其次是草木樨为 46.7%，两者的差异不显著；从第 3 周开始，除第 6 周外，

草木樨对总氮的去除率均为最高，其在第 6 周的去除率稍低于高羊茅，但差异不显著。从第 5 周开始，紫花苜蓿逐渐开始枯萎，去除效率明显降低，直至培养周期结束，紫花苜蓿完全枯萎，对总氮无明显的去除效果。整体上，随着培养周期的延长，除紫花苜蓿外，各植物对总氮的去除效率均有逐渐上升的趋势。在整个培养周期中，草木樨对总氮的平均去除率最高，达 73.5%，各植物去除效率大小依次为草木樨>高羊茅>无芒雀麦>小冠花>紫花苜蓿。

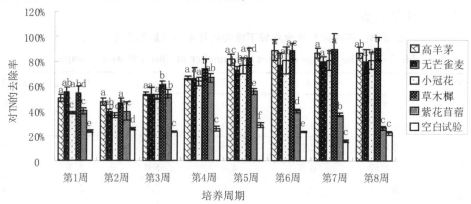

图 3-1　不同培养周期下 1 号水样中植物对总氮的去除率

Figure 3-1　TN removal efficiency of plants in the No. 1 water sample

图 3-2 为不同培养周期下 2 号水样中植物对总氮的去除率图，可知，在 2 号试验污水水样中，各植物对总氮的去除效果与 1 号水样相似。单因素方差分析表明，各处理之间差异显著（$P<0.05$），并对不同植物在同一培养周期内进行了多重比较，结果如图 3-2 所示。第 1 周，小冠花对总氮的去除率最高，为 52.0%，草木樨的去除效率为 49.9%，两者之间差异不显著；从第 2 周开始，草木樨对总氮的去除率均为最高，其中在第 7 周的去除率最高，达到 87.6%。从第 5 周开始，紫花苜蓿逐渐开始衰败，去除效率明显降低，直至培养周期结束，紫花苜蓿完全枯萎，对总氮无明显的去除效果。整体上，随着培养周期的延长，除紫花苜蓿外，各植物对总氮的

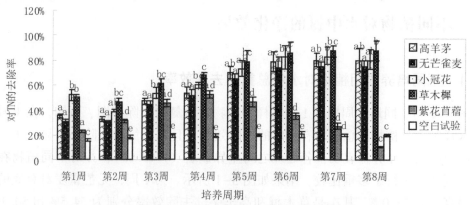

图 3-2　不同培养周期下 2 号水样中植物对总氮的去除率

Figure 3-2　TN removal efficiency of plants in the No. 2 water sample

去除效率均有逐渐上升的趋势。在整个培养周期中，草木樨对总氮的平均去除率最高，达 70.6%，各植物去除效率大小依次为草木樨>小冠花>高羊茅>无芒雀麦>紫花苜蓿。

图 3-3 为不同培养周期下 3 号水样中植物对总氮的去除率图，可知，在 3 号试验污水水样中，各植物对总氮的去除效果与 1 号和 2 号水样相似。单因素方差分析表明，各处理之间差异显著（$P<0.05$），并对不同植物在同一培养周期内进行了多重比较，结果如图 3-3 所示。从第 1 周至第 5 周，草木樨对总氮的去除率均为最高，从第 6 周至培养结束，高羊茅的去除效率有所上升，但与草木樨的去除率差异不显著。从第 5 周开始，紫花苜蓿逐渐开始衰败，去除效率明显降低，直至培养周期结束，紫花苜蓿完全枯萎，对总氮无明显的去除效果。整体上，随着培养周期的延长，除紫花苜蓿外，各植物对总氮的去除效率均有逐渐上升的趋势。各植物对 3 号水样氮的去除率低于 1 号和 2 号水样。在整个培养周期中，草木樨对总氮的平均去除率最高，达 58.8%，各植物去除效率大小依次为草木樨>小冠花>高羊茅>无芒雀麦>紫花苜蓿。

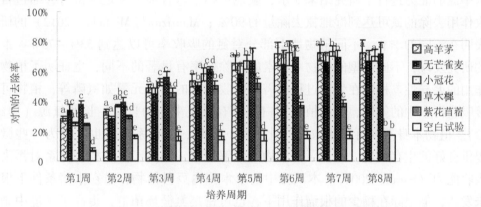

图 3-3 不同培养周期下 3 号水样中植物对总氮的去除率

Figure 3-3 TN removal efficiency of plants in the No. 3 water sample

3.3.2 不同浓度条件下植物对总氮的去除效率

图 3-4 为不同浓度条件下植物对总氮的平均去除效率图，各植物对不同浓度氮的平均去除率无显著性差异（$P>0.05$）。草木樨、高羊茅和无芒雀麦在 1 号水样的去除率均为最高。随着水样浓度的增加，各植物对总氮的去除率下降。本试验总氮是以氨氮的形式加入，氨化作用对体系中氨氮的去除起主要作用，其次是挥发和吸附作用（杨帆等，2010）。试验中，植物对总氮的去除率的降低，可能是由于氨化作用强于硝化作用，造成了氨氮的积累。另外，植物在水平浓度期间，生物量较小，对营养元素的吸收能力较弱，水样浓度高时，植物可利用的养分并不充足，也可导致对氮的去除率降低。

在不同浓度试验污水条件下，各植物对氮素的去除均有一定的作用。随着试验

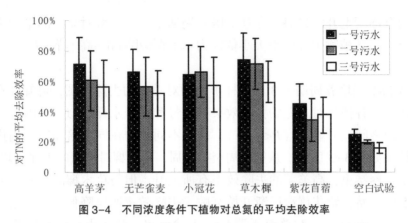

图 3-4 不同浓度条件下植物对总氮的平均去除效率

Figure 3-4 **The removal efficiencies of plants on TN mean concentration**

污水浓度的增加，各植物对氮素的去除率有所下降。总体上，草木樨在 3 种试验污水中对氮素的去除效率最高。去除水体中的氮素有多种途径，多数的研究表明植物的吸收起到了重要的作用。Rogers et al.（1991）采用室内模拟实验对湿地植物净化污水中氮的能力进行了研究结果显示，湿地植物水葱含地上和地下部分，通过自身吸收作用去除的氮可达到湿地氮去除量的90%；Maurizio 与 Michela（2012）的研究也表明在不同的季节，不同植物地上部分对氮的吸收率可以达到53%~75%。本试验的研究发现，不同类型的植物对氮素的去除效率有显著的不同，也证明了植物吸收作用的差异性。植物在生长过程中需要吸收大量的营养元素如氮磷等，植物可以直接吸收污水中的氨氮，合成植物蛋白质和有机氮来作为自身生长的氮源（廖红，2003）。植物本身不仅可以吸收和同化大量污染物，其根系组织也可以为一些微生物提供良好的生存环境，加快了污染物的降解效率，提高了整个植物体系对污染物的吸收能力（Sarah，2004）。本试验中的草木樨属豆科植物，虽在水培条件下根系尚未发达，但根际在稀少的根瘤作用下，也可密集氮循环菌群，提高了环境中硝化与反硝化作用，有利于去除体系中的氮素。

3.4 不同植物对水中磷的净化效果

3.4.1 不同培养周期植物对水中总磷的去除效率

图 3-5 为不同培养周期下 1 号水样中植物对总磷的去除率图，可知，在 1 号试验污水水样中，各植物对总磷均有一定的去除效果，且对总磷的去除率明显高于空白试验。单因素方差分析表明，各处理之间差异显著（$P<0.05$），并对不同植物在同一培养周期内进行了多重比较，结果如图 3-5 所示。在整个培养周期内，草木樨对总磷的去除率均为最高，平均去除率可达到 68.6%。从第 6 周开始，除开始枯萎的紫花苜蓿去除率较低外，其他各植物的去除率差异不显著。整体上，各植物对总磷的去除率呈先升高后降低的趋势。各植物去除效率大小依次为草木樨>无芒雀麦>

高羊茅>小冠花>紫花苜蓿。

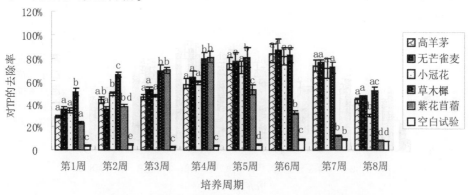

图3-5 不同培养周期下1号水样中植物对总磷的去除率

Figure 3-5 TP removal efficiency of plants in the No. 1 water sample

图3-6为不同培养周期下2号水样中植物对总磷的去除率图,可知,在2号试验污水水样中,各植物对总磷的去除效果同1号水样相似。在整个培养周期内,草木樨对总磷的去除率均为最高,平均去除率可达到66.0%,第5周,草木樨对总磷的去除效率高达82.1%。从第6周开始,除开始枯萎的紫花苜蓿去除率较低外,其他各植物的去除率差异不显著。整体上,各植物对总磷的去除率呈先升高后降低的趋势,从第7周开始,各植物对总磷的去除率明显下降。各植物去除效率大小依次为草木樨>小冠花>无芒雀麦>高羊茅>紫花苜蓿。

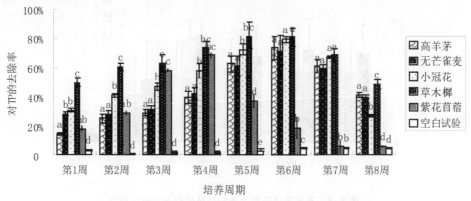

图3-6 不同培养周期下2号水样中植物对总磷的去除率

Figure 3-6 TP removal efficiency of plants in the No. 2 water sample

图3-7为不同培养周期下3号水样中植物对总磷的去除率图,可知,在前2周,草木樨对总磷的去除效率最高,分别为42.8%和51.8%,其次是紫花苜蓿,去除率分别为35.7%和44.7%,两者的差异不显著($P=0.611$);第3周,紫花苜蓿的去除率最高,达到58.4%;从第4周至第7周,无芒雀麦对总磷的去除率最高,均达到了60%以上。紫花苜蓿从第5周开始逐渐枯萎,去除效率迅速降低。第8周,所有的植物对总磷的去除效率迅速降低。整体上,各植物对总磷的去除率呈先升高后降低的趋势,草木樨、无芒雀麦和小冠花对总磷的去除效率的差异不显著。各植物

去除效率大小依次为草木樨>小冠花>无芒雀麦>高羊茅>紫花苜蓿。

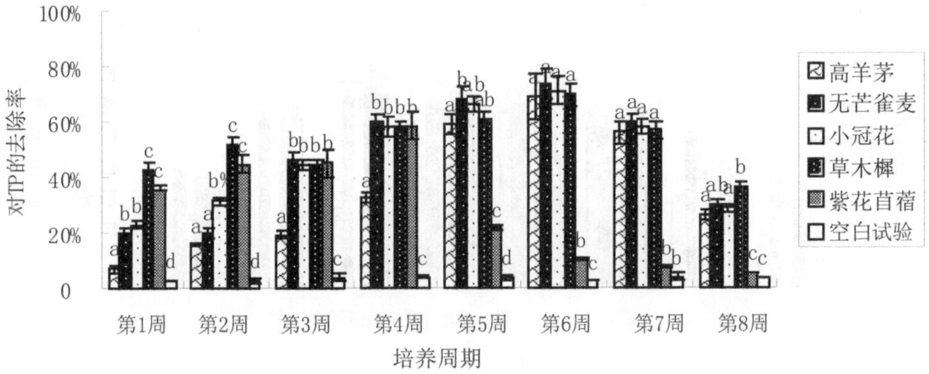

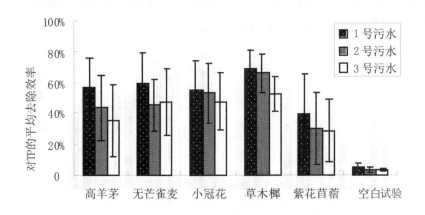

图 3-7 不同培养周期下 3 号水样中植物对总磷的去除率

Figure 3-7 TP removal efficiency of plants in the No. 3 water sample

3.4.2 不同浓度条件下植物对总磷的去除效率

图 3-8 为不同浓度条件下植物对总磷的平均去除效率图，可知，各植物对不同浓度磷的平均去除率无显著性差异（$P>0.05$）。5 种植物对 1 号水样中总磷的去除率均为最高。随着水样浓度的增加，各植物对总磷的去除率下降。

图 3-8 不同浓度条件下植物对总磷的平均去除效率

Figure 3-8 The removalefficiencies of plants on TP mean concentration

去除体系中的磷素主要是通过植物的吸收同化作用，即通过植物根系吸收溶解性的磷酸盐，将污水中的无机磷转化合成植物细胞的核酸、核苷酸、磷脂及糖磷脂等有机组分（田琦，2009）。试验中草木樨对 3 种污水中总磷的去除率均为最高，这与草木樨自身的特点密切相关。草木樨主根粗大，周围多须根，有根瘤，对磷素有一定的去除作用；小冠花植物根系虽发达，但其生长缓慢，生物量较小；紫花苜蓿对总磷也有一定去除作用，但并不适应体系环境，过早枯萎，影响了其对磷素的去除。

3.5 结论

（1）在整个水培周期内，在不同浓度污水条件下，除紫花苜蓿出现枯萎现象外，各植物根茎叶均有一定程度的增长。整体上，草木樨根茎叶的增长最大，其根长的平均增长率范围可达 80.3%～130.5%，茎长平均增长率范围为 48.2%～98.5%，叶数的增长最高可达培养前的 4.5 倍。

（2）各植物在不同浓度条件下对总氮表现出不同的去除率，在 3 种浓度条件下，草木樨对总氮和总磷的平均去除效率均为最高。对总氮的平均去除效率分别为 73.5%、70.6% 和 58.8%；对总磷的平均去除效率分别为 68.6%、66.0% 和 54.5%。

（3）各植物对总磷的去除效率高于对总氮的去除效率，这可能与去除体系中的氮素的途径有关。总体上，各植物对总氮的去除效率大小依次是草木樨>小冠花>高羊茅>无芒雀麦>紫花苜蓿；对总磷的去除效率大小依次是草木樨>小冠花>无芒雀麦>高羊茅>紫花苜蓿。

4　河岸植被缓冲带对地表径流及悬浮颗粒的阻控作用

辽河流域人口较为稠密，土地开发利用程度较高，经济活动强度较大。受工业化、城市化和新农村建设快速发展的影响，河流生态系统遭受严重破坏。水土流失、生物多样性锐减等生态问题突出。调查结果表明，辽河全流域水土流失面积达 $9.5×10^4hm^2$，占全流域面积的43%，每年进入辽河干流的大部分泥沙来自一些支流汇入以及坡地的水土流失。这造成了河道湿地的面积严重萎缩和破碎化，动植物的生境严重破损，栖息地面积逐渐减小，部分适宜生境丧失，生物种类与丰度均匀度下降，生态调控功能严重退化。辽河河道泥沙淤积，河势不稳，河道行洪不畅，对河流水生态安全构成威胁。

河岸缓冲带是减少水土流失，控制农业面源污染的最有效措施之一，目前已经得到了国内外专家学者的普遍认可（Liu, et al., 2008）。国外学者对此已进行了大量的实践和应用，而国内对河岸缓冲带控制水土流失的研究较少，仅在中国水土流失较严重的地方，如黄土高原等地做了一些模拟研究（Liu, 1985; Pan, et al., 2006）。近年来，唐浩利用自行设计的试验装置，构建草皮缓冲带，模拟上海地区农业面源污染特征，进行了河岸缓冲带阻控径流量和悬浮颗粒物的模拟净化研究，得到了较好的效果。而在北方，特别是辽河流域，对于河岸缓冲带阻控农业面源污染，防治水土流失的研究还鲜见报道。因此，利用河岸缓冲带技术来解决辽河的水体流失问题具有重大意义。本研究通过现场小区试验，构建适宜北方的冷季型河岸植被缓冲带，研究其对径流量以及悬浮颗粒物的阻控能力。

4.1　材料和方法

4.1.1　试验区域及缓冲带的建立

本研究属于"辽河保护区水生态建设综合示范项目"的河岸带修复关键技术中的部分内容，因此，研究地点位于河岸带修复示范工程区域内，该示范工程建立于2011年，总体面积约为 $0.03km^2$，主要通过建立人工防护林来示范河岸带生态恢复关键技术。由于在野外，自然环境较为复杂，建立一个有利于试验研究，并且规整统一的缓冲带区域较为困难。因此，结合当地自然地理环境，选取一紧邻农田的区域作为试验样地，该区域长约37m，宽约13m，将其分为三部分缓冲带进行对比研究，每个部分长约12m，宽13m，每个区域间用0.5m的杂草带进行隔离，研究区域如图4-1所示。该区域紧邻农田前5m的部分的坡度为10%~15%，剩余部分的坡度为1%~2%，坡度示意如图4-2所示。农田面积约为0.96hm²，平均坡度约为1%，种植作物为玉米，种植年限约为20年，每年仅施一次掺混肥（30-12-10），施肥量为450kg/hm²，产量每亩约400kg。作物生长期无人工灌溉，仅靠雨水补给。

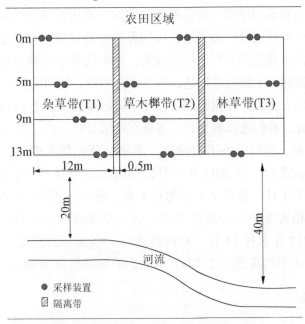

图4-1 河岸缓冲带建立及采样布点示意图
Figure 4-1 Location of sampling sites.

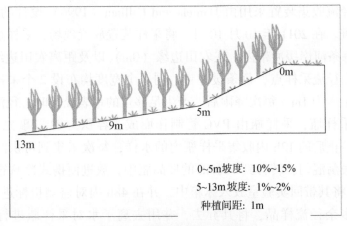

0~5m坡度：10%~15%
5~13m坡度：1%~2%
种植间距：1m

图4-2 河岸缓冲带坡度示意图
Figure 4-2 Schematic diagram of slope of RVFS.

第一部分为杂草缓冲带（T1-杂草带）作为对照，杂草的组成主要为水蒿、茵陈蒿和抓根草。第二部分为草本植被缓冲带（T2-草木樨带），为草木樨河岸缓冲带。第三部分为草本-乔木混合河岸缓冲带（T3-林草带），为草木樨-枫杨的草本和乔木组合河岸缓冲带。

选择杂草缓冲带而不是裸地作为对照，主要是考虑了当地的实际情况，河岸缓冲带基本上不存在未被利用的裸地，若人为将研究区域的植被进行清除，会造成当地水土流失，地表侵蚀严重化，形成更加严重的污染，从而过高估计河岸植被缓冲带的阻控净化效果。

选择草木樨作为草本河岸缓冲带是根据前期的草本植被筛选结果，以及结合当地的实际情况，并且草木樨也可作为当地农民饲养牲畜的饲料，有一定的经济价值。引入枫杨这一乔本植被主要是因为当地坡度较大，乔木比草本植被有更好的护坡护岸功能，另外枫杨生长迅速，主侧根系发达，牛羊不喜啃食，特别适合在河岸生长。而且，枫杨也是当地主要的人工防护林树种之一，在小流域水土保持和河道整治过程中起到了很好的作用。因此，我们选择枫杨和草木樨乔草结合的方式，建立河岸缓冲带体系。

在种植植被之前，进行一些工程改造，清除杂草，翻土整地，将三部分试验区域调整为统一的试验条件。在 2011 年 9 月，种植 2~3 年生枫杨，行距为 1m，株距为 1.5m，在 2012 年 4 月，种植草本植物草木樨，种植密度为 15g/m²，在枫杨缓冲带内，以同样的种植密度相应种植草木樨，建立草木樨河岸缓冲带和枫杨-草木樨混合缓冲带。在 2012 年 6 月 13 日，对枫杨进行一些指标的测定，枫杨的成活率达到了 95% 以上。树木平均高度为 2.57±0.16m，平均胸径为 3.48±0.13cm。

4.1.2　样品采集

分别在农田和河岸缓冲带区域采集 0~20cm 表层土壤，进行土壤理化性质分析，如表 4-1 所示。由于试验区域距离实验室较远，在无人管理的情况下，径流水样需要自动收集。径流收集装置采用由 Daniels and Gilliam（1996）设计的径流收集器，并做一定的改进。在 2011 年 10 月 10 日，将采样装置放置现场，采样点的布设如图 4-2 所示，在每条河岸缓冲带内，在农田边缘（0m）以及距离农田边缘 5m、9m 和 13m 处布设地表径流采样点，每条缓冲带，同一个宽度均布设 2 个采样点，每 2 个采样点相对的距离为 1m。每次降雨后，产生足够量的地表径流时，径流水流经径流收集装置进入采样瓶，采样瓶由 PVC 管制作而成，容积为 5L，事先埋入土坑中。在每一次降雨停止后的 12h 内收集采样瓶内的水样，每次采集到可供测试的径流样品后，将水样振荡混匀，转移到 500mL 的样品瓶中，放进便携式冷藏箱中（温度保持在 0~4℃），将其带回实验室放入冰箱中，并在 48h 内对监测指标进行分析测试。采样瓶中若有多余径流样品，将其弃去，并用去离子水对采样瓶进行反复的清洗后，将采样瓶放回原处，用于采集下一次的地表径流样品。

4.1.3　测定方法

降雨量的数据来自距离研究区域大约 500m 处的水文监测站，即养马堡水文监测站。径流样品中悬浮颗粒物的测定采用重量法，即通过滤纸过滤水样，烘干滤纸后测量滤纸过滤前后的重量变化值，此值与水样体积的比值即为颗粒物浓度。

4.1.4 数据分析

地表径流的截留效率 R_{water}（%）的计算公式如下：

$$R_{water} = \left(1 - \frac{V_i}{V_0}\right) \times 100\% \tag{4-1}$$

其中，V_0 和 V_i 分别是农田边缘（0m）处的径流量和不同宽度采样点的径流量，单位为 L。

悬浮颗粒物（SS）浓度的截留效率 R_{SS-con}（%）的计算公式如下：

$$R_{ss-con} = \left(1 - \frac{C_i}{C_0}\right) \times 100\% \tag{4-2}$$

其中 C_0 和 C_i 分别是农田边缘（0m）处的悬浮颗粒物的浓度和不同宽度采样点的悬浮颗粒物的浓度，单位为 mg/L。

悬浮颗粒物质量的截留效率 $R_{SS-mass}$（%）的计算公式如下：

$$R_{ss-mass} = \left(1 - \frac{C_i V_i}{C_0 V_0}\right) \times 100\% \tag{4-3}$$

其中 C_0 和 C_i 分别是农田边缘（0m）处的悬浮颗粒物的浓度和不同宽度采样点的悬浮颗粒物的浓度，单位为 mg/L；V_0 和 V_i 分别是农田边缘（0m）处的径流量和不同宽度采样点的径流量，单位为 L。

采用 SPSS 19.0 软件进行统计分析。由于数据并不属于正态分布，因此，采用非参数数据分析。分析采用 Kruskal-Wallace 多重比较和 Mann-Whitney Wilcoxon U 检验。采用 EXCEL-2003 进行图表的制作，如表 4-1 所示。

表 4-1　农田及河岸缓冲带土壤理化性质
Table 4-1　soil characteristics of the vegetative filter strips

试验区域	pH	有机质（mg/kg）	沙粒（%）	黏粒（%）	粉粒（%）	总氮（mg/kg）	总磷（mg/kg）	碱解氮（mg/kg）	有效磷（mg/kg）
农田	6.5	2.01	33.81	9.21	56.98	1770	577	101	30
河岸带	6.7	2.47	39.16	8.32	52.52	1510	416	98	32

4.2　河岸缓冲带对农田地表径流的阻控作用

4.2.1　降雨量与农田地表径流量的关系

于 2012 年 6 月 15 日第一次降雨后开始收集地表径流，对每次降雨事件所产生的地表径流进行采集，采样时间持续至 2013 年 8 月 5 日，在此期间共有 21 次降雨事件产生可收集测试的地表径流样品，并分别于 2013 年 3 月 20 日、3 月 30 日和 4

月 6 日采集了 3 次融雪径流样品。2012 年 6 月 5 日至 2013 年 8 月 5 日期间，降雨总量达 1029.5mm，产生可收集的径流量为 647mm。由于当地的气候条件，雨热同期，全年的平均雨量较少，夏季雨水丰富，产生在 7 月份和 8 月份的地表径流量占整个采样周期所收集的径流总量的 61%。在 21 次降雨事件中，降雨量低于 25mm 的占整体的 52%，其中两次降雨量超过了 80mm。由于受雨量较少、地形坡度等多方面的影响，在收集地表径流过程中，并不是在每次降雨时所有的样品瓶都能收集到水样，仅有 5 次降雨产生了充足的地表径流量，全部的径流样品瓶均收集到了水样。图 4-3 为整个采样时期内降雨量与农田平均地表径流量的数据关系图。经斯皮尔曼相关分析显示，降雨量与地表径流量呈显著正相关关系（Spearman's rank correlation r = 0.917）。由图 4-3 可知，尽管一些降雨量有些相似，但所产生的地表径流量有着明显的不同。2013 年 7 月 2 日的降雨量为 85.5mm，降雨强度为 11mm/h，各个样品瓶均收集到水样，不仅布设在农田边缘的样品瓶集满了水样，其余各采样点样品瓶内均为集满了水样；而 2013 年 8 月 5 日的降雨量为 86.5mm，但降雨强度为 49mm/h，当天产生了大量的地表径流，各个样品瓶均收集到水样的同时，在农田边缘和 5m 采样点处，样品瓶内均充满径流水，有些径流水已大量溢出瓶外。因此，地表径流量的多少不仅取决于降雨总量，而且与降雨强度的大小有着密切的关系。

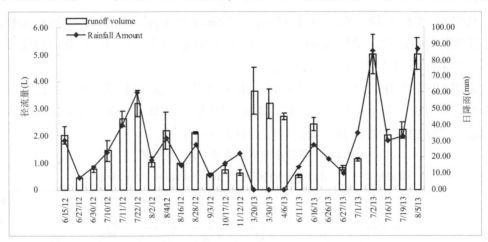

图 4-3 采样期降雨量与农田降雨径流及融雪径流量（2013 年 6 月 27 日的地表径流包括前一天的径流量）

Figure 4-3 Rainfall amounts and mean runoff volumes（from field edge）in the rainfall and snowmelt events throughout the sampling period（the runoff volumes on 27. 6. 2013 included 26. 6. 2013）

在 2012 年 12 月至 2013 年 3 月期间，冬季的平均气温较往年偏低 5~6℃。因此，试验区域内冰雪覆盖时间较长，持续至 2013 年 3 月中下旬，气温才有明显的升高，此时产生融雪径流。采集融雪径流初期，我们每天对采样点位进行定时观测，但发现样品瓶内融雪径流量十分有限，且样品瓶底部仍有结冰现象。另外，试验区域距离分析实验室较远，大约 70km 的路程，试验区域又无人管理，这给样品的采集带来一定的困难。因此，我们根据气象信息每隔一定时间进行现场取样，以确保采集到充分的融雪径流样品。

4.2.2　不同宽度河岸缓冲带对农田地表径流的阻控作用

土壤试验收集了21次降雨径流量和3次融雪径流量，3种类型的河岸缓冲带在不同宽度下的平均径流量及截留效率如表4-2所示。由表4-2可知，3种类型的河岸缓冲带均能有效截留来自农田的地表径流，对降雨径流和融雪径流均有一定的阻控作用。河岸缓冲带对降雨径流的截留效果尤为明显，5m宽的河岸缓冲带对降雨径流的截留效率即有显著差异（$P<0.05$），杂草带、草木樨带和林草带对降雨径流的截留效率分别为43%、49%和54%；而5m宽的河岸缓冲带对融雪径流的截留效率并没有显著差异，杂草带、草木樨带和林草带对融雪径流的截留效率仅分别为4%、10%和15%。随着河岸缓冲带宽度的逐渐增加，径流量的截留效率逐渐增大。9m宽的河岸缓冲带对降雨径流的截留效率均达73%以上，13m宽的河岸缓冲带对降雨径流的截留效率均达89%以上。13m宽的杂草带和林草带对融雪径流的截留效率有显著性差异（$P<0.05$），而草木樨带对融雪径流的截留效率差异不显著（$P=0.061$）。由表4-2可知，总体上，河岸缓冲带的不同宽度对农田地表径流的截留效率大小依次为13m>9m>5m。

表4-2　3种类型的河岸缓冲带在不同宽度下的平均径流量及截留效率

Table 4-2　Mean runoff loads per event and retention efficiency at successive distances from the field edge in three vegetated filter strips

监测项目	缓冲带类型	监测类型	0m	5m	9m	13m
径流量（L）	杂草带	降雨径流	1.79（a）1	1.02（43%）2b	0.48（73%）bc	0.19（89%）c
		融雪径流	3.16 a	3.03（4%）ab	2.22（30%）ab	1.89（40%）b
	草木樨带	降雨径流	1.82 a	0.92（49%）b	0.35（81%）c	0.14（92%）c
		融雪径流	3.12 a	2.81（10%）a	1.92（38%）a	1.77（43%）a
	林草带	降雨径流	1.70 a	0.79（54%）b	0.29（83%）bc	0.11（94%）c
		融雪径流	3.24 a	2.75（15%）ab	1.72（47%）bc	1.27（61%）c

注：1. 同一行内不同字母代表差异显著（$P<0.05$）；

　　2. 括号内数字代表不同宽度的缓冲带对污染物总量的截留效率。

河岸带宽度是影响其阻控径流能力的重要因素之一，国内外学者研究表明，河岸缓冲带越宽，对地表径流的阻控作用就越加明显，有利于截留更多的径流（Dillaha, et al., 1989；Schmitt, et al., 1999；赵警卫与胡彬，2012）。径流流经河岸缓冲带，随着宽度的不断增加，径流的流失逐渐降低，使得径流有更多的时间接触地表，并逐渐下渗。另外，在植物生长期，地表植物的覆盖增大了土壤表面的粗糙率，植物发达的根系增高了土壤的孔隙度，降低了土壤的紧实度，同时增加了径流水的渗透效率，从而使地表径流流速降低，增大了地表径流的截留效率（Carling, et al, 2001；Duchemin and Hogue, 2009；Al-wadaey, et al., 2012）。本研究表明，河岸缓冲带对降雨径流的阻控作用与前人的研究结果相似（Dillaha, et al., 1989；Syversen, 2005；Schoonover, et al., 2006）。河岸缓冲带对融雪径流的截留效率不高，这可能是由于土层以下仍处冰冻状态，土壤的渗透率较低，加之融雪径流量较大，植物处于枯萎时期，因此，随着河岸缓冲带宽度的增加，对径流的阻控作用并不显著。

4.2.3 河岸缓冲带截留降雨径流和融雪径流的差异

图4-4为不同类型的河岸缓冲带对降雨径流和融雪径流总量的截留效率。由图4-4可知，3种类型的河岸缓冲带对降雨径流总量的截留效率明显高于融雪径流。同时考虑宽度的影响，5m宽的3种类型的河岸缓冲带对降雨径流总量的截留效率均达到55%以上，其中林草带的截留效率最高，达78%，与其他两种类型河岸缓冲带的截留效率差异均显著；而3种类型的河岸缓冲带对融雪径流的截留效率明显降低，杂草带、草木樨带和林草带对融雪径流的截留效率分别为7%、11%和13%。随着宽度的逐渐增加，河岸缓冲带对降雨径流量的阻控效果更加明显，9m宽的3种类型的河岸缓冲带对降雨径流总量的截留效率均达到78%以上，其中林草带的截留效率仍为最高，达94%，显著高于杂草带；草木樨带对降雨径流量的截留效率增加幅度较大，截留效率已达到90%。9m宽的3种类型的河岸缓冲带对融雪径流也有一定的阻控效果，杂草带、草木樨带和林草带的截留效率分别为32%、39%和46%，三者对融雪径流的截留效率差异不显著。当宽度增加到13m时，3种类型的河岸缓冲带对降雨径流的截留效率均高达92%以上，林草带的截留效率已接近100%。3种类型的河岸缓冲带对降雨径流的截留效率无显著性差异；而对融雪径流的截留而言，缓冲带宽度的增加，对其截留效率并无明显的影响，仅林草带的截留效率稍有增大，其截留效率为60%，而杂草带和草木樨带截留效率分别为41%和44%，两种对其截留效果差异不显著。

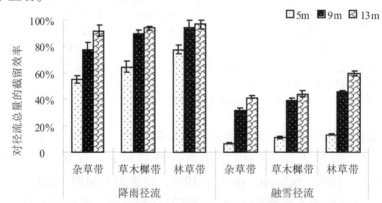

图4-4 不同类型的河岸缓冲带对降雨径流和融雪径流总量的截留效率

Figure 4-4 Retention effectiveness of different RVFS in reducing runoff and snowmelt volume

该地区雨季从6月开始，7月和8月进入汛期，雨量最大，9月中下旬结束。雨季时，产生大量的降雨径流，此时正是当地植被处于繁茂的时期。植物处于生长期，发达的植物根系增大了土壤的孔隙度，水分入渗较快。而且，当地受人为活动影响较小，土壤容重较小。同时，茂密的地上部分植被，又增大了土壤表面的粗糙程度，对地表径流有一定的阻挡作用，降低了径流的流速，同时增加了径流与土壤表面的接触时间。另外，植物的生长也需要吸收一定的水分。诸多因素影响，使得降雨径流水通过入渗、植物吸收等作用，得以大量减少。试验中，有些降雨径流水甚至还未到达 9m 和 13m 的宽度，就已经入渗土壤中，仅有几次大雨或暴雨产生的地表径流，在 13m 处的采样点收集到了径流水样。对于春季融雪径流而言，河岸缓冲带的拦截效率较低，这是由于经历了漫长的冬季后，地表积累了厚厚的冰雪，随着气温的升高，地表积雪和表层土壤冻结层开始融化，大量融雪径流开始汇集。而此时，枯萎的植被尚未复苏，植被对水分的利用率几乎为 0。另外，土壤表层以下仍然处于冰冻状态，融雪径流不能得到有效地下渗，这使得流经河岸缓冲带内的径流量增加。本研究结果表明，林草带对地表径流的截留效率最大，13m 宽的林草带对融雪径流的截留效率为 60%，而 5m 宽的林草带对降雨径流的截留效率就已达78%，这与 Al-wadaey（2012）研究结果基本一致。虽然 Al-wadaey 研究的是不同面积大小的河岸缓冲带，但这些河岸缓冲带对冬季融雪径流的截留效率也表现出了与本研究相似的一些规律。因此，河岸缓冲带对降雨径流的截留效率要显著高于对融雪径流总量的截留效率。

4.2.4　不同类型河岸缓冲带对农田地表径流量的影响

图 4-5 为不同宽度下，不同类型的河岸缓冲带对地表径流总量（降雨径流+融雪径流）的截留效率图。从表 4-2 和图 4-5 可以发现，草木樨带和林草带对地表径流的截留效率均大于杂草带。5m 宽的杂草带、草木樨带和林草带对地表径流总量的截留效率分别为 34%、41% 和 47%，林草带与杂草带的截留效率有显著性差异，而草木樨带和林草带的截留效率差异不显著；9m 和 13m 宽的 3 种类型的河岸缓冲带，对地表径流的截留效率没有显著性差异。总体上，在拦截地表径流总量上，林草带的阻控能力最强，3 种类型的河岸缓冲带对地表径流的截留效率大小依次是林草带>草木樨带>杂草带。

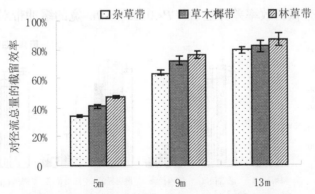

图 4-5　不同类型的河岸缓冲带对地表径流总量的截留效率

Figure 4-5　Retention effectiveness of different RVFS in reducing surface runoff volume

先前的结果研究表明，木本植被对地表径流的截留效率要高于草本植被，这可能是由于林地或林草带比草地产生更大的粗糙度，森林植被，尤其是常绿针阔叶林，可以吸收更多的水分，同时蒸发量较大，这使得下方土壤水分含量并不容易达到饱和状态，而草本植被吸收水分和蒸腾作用能力不如木本植被（Simon and Collison，2002；Huxman，et al.，2005）。也有学者研究表明，木本和草本河岸缓冲带间没有发现显著差异（Abu-Zreig，et al.，2004；Dosskey，et al.，2007）。本研究的结果同前人大部分研究的结果基本一致，即林草带对地表径流的截留效率高于单独的草本植被带。虽然在9m和13m宽的距离上，林草带与草本植被带拦截径流量的差异不显著，但林草带截留效率仍然较高。前人大多数研究的是对降雨径流的影响，对融雪径流截留的研究还鲜见报道。而本文研究林草带对地表径流的阻控效果，是考虑了融雪径流的影响。因此，在整体的截留效率上较其他研究结果偏低，在较宽的距离上，林草带和草本植被带对径流的阻控能力差异性并不明显。本论文研究的林草带中的枫杨植被在研究结束前树龄均已达到4~5年，且种植密度较大。枫杨与草木樨的配合种植，也很大程度地改变了土壤的一些物理结构，使径流水量无论是从水文元素方面，还是植被作用方面，都得到有效地减少。

4.3 河岸缓冲带对地表径流中悬浮颗粒的阻控作用

4.3.1 不同宽度河岸缓冲带对地表径流中悬浮颗粒浓度的影响

图4-6为流经不同宽度河岸缓冲带内降雨径流和融雪径流中悬浮颗粒物的平均浓度图。可知，随着河岸缓冲带宽度的增加，流经3种类型的河岸缓冲带的降雨径流中SS的浓度呈现逐渐降低的趋势，且差异极显著（$P<0.01$）；流经3种类型的河岸缓冲带的融雪径流中SS的浓度呈先升高后降低的趋势，且差异不显著（$P>0.05$）。由图4-7可知，5m宽的杂草带、草木樨带和林草带对降雨径流中的SS截留效率分别为21%、50%和51%，其中杂草带截留效率差异不显著（$P=0.087$），草木樨带和林草带截留效率差异显著（$P<0.05$）。9m宽的缓冲带对降雨径流的截留

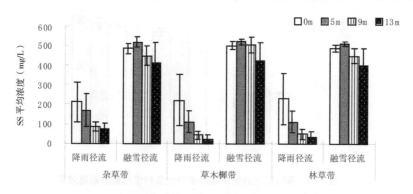

图4-6　流经不同宽度河岸缓冲带内降雨径流和融雪径流中悬浮颗粒物的平均浓度

Figure 4-6　Mean SS concentration at successive distances from the field edge in different RVFS during rainfall and snowmelt events

效率（平均值为 73%）小于 13m 宽的缓冲带对降雨径流的截留效率（平均值为 80%）。融雪径流中，5m 宽的 3 种类型的河岸缓冲带对 SS 截留效率均为负值，总体上，随着缓冲带宽度的增大，融雪径流中 SS 的浓度也随之降低，但显著高于降雨径流中 SS 的浓度。

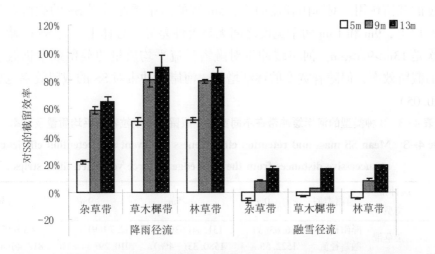

图 4-7　不同类型河岸缓冲带对降雨径流和融雪径流中悬浮颗粒物平均浓度的截留效率
Figure 4-7　Retention effectiveness of different RVFS in reducing mean SS concentration during rainfall and snowmelt events

河岸缓冲带的宽度与对径流中 SS 的截留有着密切的关系，河岸缓冲带的宽度直接影响径流通过缓冲带的时间以及径流的流速（Barfield, et al., 1979; Hayes, et al., 1979; Tollner, et al., 1982）。Daniels et al.（1996）研究表明，河岸缓冲带前 3m 宽度的部分即可降低 SS 的浓度 70%，9.1m 时可降低 SS 的浓度 85%。丁玮航（2011）通过模拟径流的方式，对河岸缓冲带截留效率进行研究，结果表明，4.5m 和 9m 宽度的不同类型缓冲带，分别降低了 SS 的浓度 80.6% 和 89.4%。本研究的结果与前人的研究结果相类似。但对于融雪径流而言，本研究发现缓冲带前 5m 宽的部分的截留效率为负值，这可能与缓冲带的坡度有关，前 5m 缓冲带坡度为 10%～15%，在植被尚未复苏的时期，加之融雪径流量加大，土壤表层以下仍处于冰冻状态，因此，一些表层土壤固体必然容易受到侵蚀，使融雪径流中 SS 的浓度有所增加，而随着坡度的减缓，这些悬浮颗粒物又沉淀在缓冲带内。

4.3.2　不同类型河岸缓冲带对地表径流中悬浮颗粒浓度的影响

图 4-7 为不同类型河岸缓冲带对降雨径流和融雪径流中 SS 平均浓度的截留效率图，同时考虑宽度的影响，可知，草木樨带和林草带对降雨径流中 SS 的截留效率显著高于杂草带。而 3 种类型的缓冲带对融雪径流中 SS 的截留效率差异不显著。总体上，3 种类型的河岸缓冲带能很有效地阻控降雨径流中的 SS，草木樨带和林草带截留效率差异不显著，但均高于杂草带。对于融雪径流中 SS 的阻控作用，3 种类型

的缓冲带无显著性差异。

4.3.3 不同宽度河岸缓冲带对地表径流中悬浮颗粒平均质量的影响

由表 4-3 可知,不同宽度河岸缓冲带对地表径流中 SS 平均质量的截留明显高于对浓度的截留作用。对降雨径流而言,5m 宽的河岸缓冲带对 SS 的截留效率均达到了 63% 以上,9m 和 13m 两个宽度之间无显著性差异。总体上,对 SS 的截留效率大小依次是 13m>9m>5m。河岸缓冲带对融雪径流平均质量的截留效率仍低于对降雨径流的截留效率,但随着宽度的逐渐增加,河岸缓冲带对 SS 的截留效率也显著增大($P<0.05$)。

表 4-3　3 种类型的河岸缓冲带在不同宽度下截留悬浮颗粒物的平均质量及效率

Table 4-3　Mean SS mass and retention effectiveness per event and retention efficiency at successive distances from the field edge in three vegetated filter strips

监测项目	缓冲带类型	监测类型	0m	5m	9m	13m
悬浮颗粒物(mg)	杂草带	降雨径流	356.63(a)[1]	131.44(63%)[2]b	32.79(91%)c	9.13(97%)c
		融雪径流	1522.55 a	1580.33(-4%)a	1010.29(34%)b	818.46(46%)c
	草木樨带	降雨径流	369.85 a	85.80(77%)b	16.36(96%)c	3.52(99%)c
		融雪径流	1569.27 a	1463.94(7%)a	989.86(37%)b	799.86(49%)c
	林草带	降雨径流	364.89 a	70.84(81%)b	10.70(97%)c	4.55(99%)c
		融雪径流	1586.12 a	1409.14(11%)b	781.96(51%)c	503.99(68%)d

注:1 同一行内不同字母代表差异显著($P<0.05$);2 括号内数字代表不同宽度缓冲带对悬浮颗粒物平均质量的截留效率。

通常情况下,4~6m 的河岸缓冲带能减少 50% 以上的悬浮颗粒物,当宽度超过 6m 时,缓冲带会更加有效地去除悬浮颗粒物(Hook,2003)。本文研究表明,5m 宽的河岸缓冲带对降雨径流中 SS 平均质量的截留效率(平均效率)为 73.7%,9m 宽的平均截留效率为 94.7%,13m 宽的平均截留效率为 98.3%,9m 宽和 13m 宽之间的差异不显著。因此,对于该研究区域来说,9m 宽的缓冲带即可截留大部分降雨径流中的悬浮颗粒物。对于融雪径流的阻控作用,从目前的研究结果来看,宽度越长,截留效率越大,因此在当地条件允许的情况下,适当延长河岸带的宽度,可更有效地减缓融雪径流中悬浮颗粒物的输出。

4.3.4 河岸缓冲带对降雨径流和融雪径流中悬浮颗粒总量截留的差异

图 4-8 为不同类型的河岸缓冲带对降雨径流和融雪径流中 SS 总量的截留效率图,可知,缓冲带对降雨径流中 SS 总量的截留效率明显高于融雪径流。草木樨带和林草带对降雨径流中 SS 的截留效率显著高于杂草带。而总体上,3 种类型的缓冲带对融雪径流中 SS 的截留效率差异不显著,但 13m 宽的林草带对融雪径流中 SS 的截留效率显著高于其他两种类型的缓冲带。

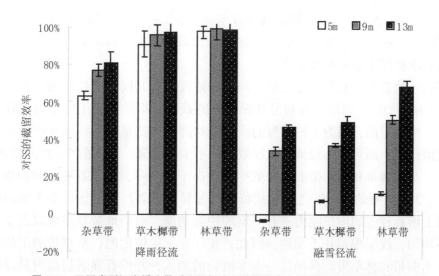

图 4-8 不同类型河岸缓冲带对降雨径流和融雪径流中悬浮颗粒物总量的截留效率

Figure 4-8 **Retention effectiveness of different RVFS in reducing total load during rainfall and snowmelt events**

作者认为，降雨径流和融雪径流中 SS 截留效率的差异主要是由植被和土壤所带来的。因为雨季时期，是植被生长的高峰期，生物量大，无论是草带还是林草带，其盖度、植被的根系强度以及地上部分植被的密度均大于其他时期，因此，对悬浮颗粒物的阻控能力较强；而春季融雪径流产生时期，植被处于刚刚生长阶段，大量草本植被仍处于休眠期，所以阻控能力较弱，因此，对悬浮颗粒物的截留效率降低。另外，冻融作用改变了土壤团聚体的大小和稳定性，破坏了土壤团聚体的结构，减少了土壤的内聚强度，从而增大了土壤的侵蚀度。室内冻融实验发现冻融作用增加了 25% 的泥沙产生量（Eewards, et al., 1995）。Ferrick 和 Gatto（2005）的研究也发现冻融作用显著地增加了土壤的侵蚀量。

4.3.5 不同类型河岸缓冲带对地表径流中悬浮颗粒总量的影响

图 4-9 为不同类型河岸缓冲带对 21 次降雨径流和 3 次融雪径流中 SS 总量的截

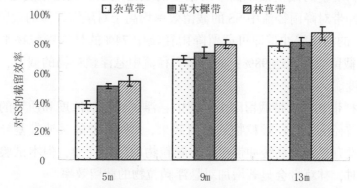

图 4-9 不同类型河岸缓冲带对悬浮颗粒物总量的截留效率

Figure 4-9 **Retention effectiveness of different RVFS in reducing SS total load**

留效率图，可知，5m 宽的杂草带的截留效率显著低于草木樨带和林草带，而在其他宽度范围内，3 种类型的河岸缓冲带对 SS 的截留效率无显著性差异。总体上，林草带的截留效率稍高于草木樨带和杂草带。

悬浮颗粒物总量的减少，主要是径流量和浓度消减共同作用的结果。本试验研究表明，3 种类型的河岸缓冲带对悬浮颗粒物的截留效率的差异主要是由对降雨径流的截留效率决定的，因为 3 种类型的缓冲带对降雨径流量和悬浮颗粒物浓度均有一定的截留作用，而对融雪径流的阻控效果并不十分明显。对于前 5m 宽的缓冲带，坡度较大，草木樨带和林草带的截留效率显著高于杂草带，而随着坡度的减缓，宽度的增加，3 种类型的缓冲带之间的截留效率差异不显著。这应该是草木樨的根系发达，对土壤有较强的固持能力，有一定的护坡功能，而当地杂草主要以蒿草为主且分布不均匀，浅层根系并不发达，因此，在存在一定坡度时，杂草带的阻控能力要弱于草木樨带和林草带。枫杨这一木本植物的加入，并没有显著提高对悬浮颗粒物的截留效率，可见，在阻控悬浮颗粒物方面，木本植物的作用并不明显，这与 Abu-Zreig et al.（2004）和 Syversen（2005）的研究结果相似，即草本与森林缓冲带的效果相当。

4.4 结论

（1）3 种类型的河岸缓冲带可截留 34%~87% 的地表径流，其中对降雨径流的阻控能力显著大于融雪径流，对地表径流阻控能力大小依次是林草带>草木樨带>杂草带。

（2）5m 宽的河岸缓冲带即可截留 55% 以上的降雨径流，其中林草带的截留效率高达 78%。随着缓冲带宽度的增加，截留效率增大，9m 和 13m 宽的 3 种类型河岸缓冲带对地表径流的阻控作用差异不显著。枫杨与草木樨的混合种植，显著提高了缓冲带阻控地表径流的能力。

（3）3 种类型的河岸缓冲带可截留 38%~87% 的 SS 总质量。各种类型河岸缓冲带对悬浮颗粒物质量的截留效率高于对浓度的截留效率。无论浓度还是质量方面，各类型河岸缓冲带对降雨径流中 SS 的截留效率均高于对融雪径流的截留效率。

（4）5m 宽的河岸缓冲带即可截留降雨径流中 74% 的悬浮颗粒物平均质量，宽度为 13m 时，截留效率高达 98%；而对融雪径流中悬浮颗粒物的截留，则需适当延长河岸带的宽度。

（5）草木樨带和林草带截留降雨径流中悬浮颗粒物的浓度和质量的效果好于杂草带，对于融雪径流中悬浮颗粒物的截留效果，3 种类型的缓冲带差异不显著。枫杨的加入，并没有显著提高缓冲带对悬浮颗粒物的阻控能力，但本试验中，缓冲带达到足够宽度时，林草带会显著增加对悬浮颗粒物的截留效率。

5　河岸植被缓冲带对氮磷的阻控作用

农业面源污染中由农田流失的氮磷引起的污染日益严重（张燕，2013），由于农民大量使用无机化肥，导致了农田区氮磷的积累量增大，而作物对氮磷的吸收利用率较低，这就增加了氮磷等面源污染物质流失的风险。郑培生等（2012）对辽河流域农业面源污染结构与格局特征进行了研究，结果表明，农田径流是辽河流域面源污染的主要来源，其中流域 60% 以上的污染负荷分布于辽河干流流域。农田径流造成了辽河流域水环境的污染，其中氨氮含量污染最重河段超过国家标准 2.2 倍。严重制约了该区域社会经济可持续发展。

大量的研究结果表明，河岸缓冲带可有效地阻控农业面源污染（Lee, et al.，2000；Syversen，2005；Schoonover, et al.，2006；Zhao, et al.，2009；唐浩等，2009；崔波，2012；邓焕广等，2013）。无论是森林河岸缓冲带，还是草地缓冲带，或者是混合的缓冲带，均可以截留转化农田径流中的氮和磷（Lee, et al.，1999；Owens, et al.，2007），这一观点已经得到了国内外专家学者的认可。但目前大多数研究均集中于对温暖地区的河岸带或湖滨带，对冷季型的河岸缓冲带植被去除农业面源污染的研究较少，对寒冷地区河岸缓冲带的研究还不够深入，尤其是对辽河干流流域河岸缓冲带的研究还未见报道。因此，本研究的主要目的是在自然环境条件下，通过监测降雨径流、融雪径流以及土壤溶液，研究人工构建的河岸缓冲带对农业面源污染物质氮磷的阻控能力，并分析其相关的影响因素。

5.1　材料和方法

5.1.1　试验设计

研究区概况同 4.1.1。在地表径流采样点旁约 40cm 处相应布设土壤溶液取样器，用于采集土壤水。在试验区域共布设 24 根取样器，采样深度设计为 45cm。土壤溶液取样器选用杭州汇尔仪器设备有限公司生产的压气式土壤溶液取样器，如图 5-1 所示。

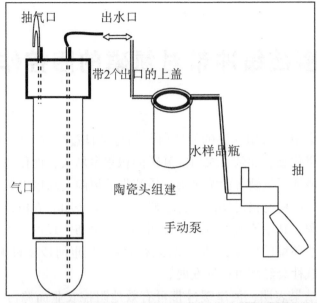

图 5-1　土壤溶液取样器

Figure 5-1　soil solution sampler

5.1.2　样品采集

5.1.2.1　土壤溶液取样器的安装

2013 年 5 月 24 日，进行土壤溶液取样器的安装。先用直径 10cm 的土壤钻钻出深 45cm 的孔，灌入黏稠的石英砂泥浆，然后放入预先用 1% 盐酸浸泡过的取样器，待石英砂砂浆沉实，采样器可以牢固地立住后，按层次回填土壤，进行压实。取样器安装完毕后，需静置一段时间，与周围的环境达到平衡，从 5 月 24 日至 6 月 10 日，分若干次，将采样器抽成负压状态，弃置抽取到的土壤溶液，以防止试验结果被干扰。

5.1.2.2 地表径流与土壤溶液的采集

地表径流水样的采集方法同 4.2.2。在土壤溶液取样器静置一段时间后，与周围环境已基本达到平衡的状态下，对土壤溶液进行收集。由于本试验主要是针对河岸缓冲带对天然降雨下渗径流中氮磷的阻控能力进行研究，因此，对土壤溶液进行采集仍然是在每次降雨之后。根据当地气象部门提供的信息，在每次降雨前的 1~2d，将土壤溶液取样器抽成负压状态，在降雨过后，采集地表径流的同时，随即采集土壤溶液。除 2013 年 6 月 26 日的土壤溶液大部分未被采集到以外，其余降雨后，均采集到了相应的土壤溶液样品。

5.1.2.3 植物样品采集与处理

分别在 2012 年 7 月 14 日和 2013 年 7 月 13 日，对现场植物样品进行采集。对各类型的河岸缓冲带内植物进行随机采样。对草本植物的采集采用收获法，在植物生长均匀的地区随机选取 3 处 1m×1m 的样地，采集植物地上部分和地下部分，将地下部分连根取出，带回实验室，清洗干净，自然风干，放置 105℃烘箱内 0.5h，对植物进行杀青，然后 65℃烘至恒重，并计算单位面积的总生物量，以及地上部分和地下部分的生物量。将烘干的植物各组织磨碎，过 80 目尼龙筛，放入自封袋中，标号保存待测，以分析其地上和地下部分氮磷含量。

5.1.3 测定方法

将径流水样和土壤溶液水样摇匀后，可用于测定总氮（TN）和总磷（TP）的含量；而原水样通过 0.45μm 直径的无机滤膜后的滤样，用于分析氨氮（NH_4^--N）、硝态氮（NO_3^--N）、总可溶性磷（DP）（《水和废水监测分析方法》编委会，2002）。对水样中氮磷的测定采用荷兰产连续流动分析仪（SKALAR SAN++）测定，对氨氮的测定在 24h 内完成，其余的样品测定指标在 48h 内完成。对于植物样品，先用 H_2SO_4-H_2O_2 消煮后，用流动分析仪测定其全氮含量，用钼锑抗比色法测其全磷含量。

5.1.4 数据分析

土壤溶液各形态氮磷浓度的截留效率 R_{NP}（%）的计算公式如下：

$$R_{NP} = \left(1 - \frac{C_i}{C_0}\right) \times 100\% \tag{5-1}$$

其中，C_0 和 C_i 分别是农田边缘（0m）处各形态氮磷的浓度和不同宽度采样点各形态氮磷的浓度，单位为 mg/L。

地表径流和土壤溶液中各形态氮磷质量的截留效率 $R_{NP-mass}$（%）的计算公式如下：

$$R_{NP-mass} = \left(1 - \frac{C_i V_i}{C_0 V_0}\right) \times 100\% \tag{5-2}$$

其中 C_0 和 C_i 分别是农田边缘（0m）处的悬浮颗粒物的浓度和不同宽度采样点的悬浮颗粒物的浓度，单位为 mg/L；V_0 和 V_i 分别是农田边缘（0m）处的径流量和不同宽度采样点的径流量，单位为 L。

采用 SPSS 19.0 软件进行统计分析，由于数据并不属于正态分布，因此，采用非参数数据分析。分析采用 Kruskal-Wallace 多重比较和 Mann-Whitney Wilcoxon U 检验。采用 EXCEL-2003 进行图表的制作。

5.2 河岸缓冲带对地表径流中氮磷的阻控作用

5.2.1 河岸缓冲带对地表径流中氮磷浓度的影响

5.2.1.1 河岸缓冲带对地表径流中氮磷浓度的影响

通过对 21 次降雨径流和 3 次融雪径流监测表明，不同类型的河岸缓冲带并没有显著影响来自农田地表径流中各形态氮磷的平均浓度。随着河岸缓冲带宽度的逐渐增加，降雨径流和融雪径流中各形态氮磷的浓度并没有呈现逐渐降低的趋势。如图 5-2 所示，随着河岸缓冲带宽度的逐渐增加，降雨径流中各形态氮磷的浓度无显著差异，不同类型河岸缓冲带宽度增加至 9m 时，各形态氮磷的浓度逐渐升高，而宽度增加至 13m 时，各形态氮磷的浓度又逐渐降低。本研究结论与 Jon E. Schoonover（2005）等人的研究结果相似。他们研究发现，降雨后，来自农田的地表径流，流经 3.3m 宽的芦荻河岸缓冲带和 6.6m 宽的森里河岸缓冲带时，径流中各种形态氮磷的浓度逐渐升高，随着河岸缓冲带宽度的增加，农田地表径流中各形态氮磷的浓度又逐渐降低。我们的研究结果显示，地表径流中各形态氮磷浓度也有先升高后降低的趋势，但缓冲带的宽度稍有变化。另有研究表明，在整个河岸缓冲带体系内，随着河岸带宽度的增加，各形态氮磷的浓度显著降低（Peterjohn and Correl，1984；Clausen，et al.，2000）。

在不同类型河岸缓冲带中，随着缓冲带宽度的逐渐增加，融雪径流中各形态氮磷的浓度无显著差异。整体上看，除可溶性磷（DP）以外，融雪径流中各形态氮磷的浓度明显低于降雨径流中氮磷的浓度，这可能是由于每年仅施一次肥，此时农田土壤中肥效较低。另外，一些学者研究表明，融雪径流中 DP 的浓度要比降雨径流中 DP 的浓度高，本研究结果与前人研究结果一致（Sheppard，et al.，2006；Jasen，et al.，2011）。一方面，可能是由于融雪径流中磷存在的主要形态是可溶性磷（Jasen，et al.，2011）；另一方面，在我国北方的冬季，气温较低，植物对营养成分的吸收受到很大的限制，步入春季以后，冰冻的植物残体逐渐开始消融，更多的可溶性磷能够得以释放（Uusi-Kämppä，2005；Roberson，et al.，2007）。

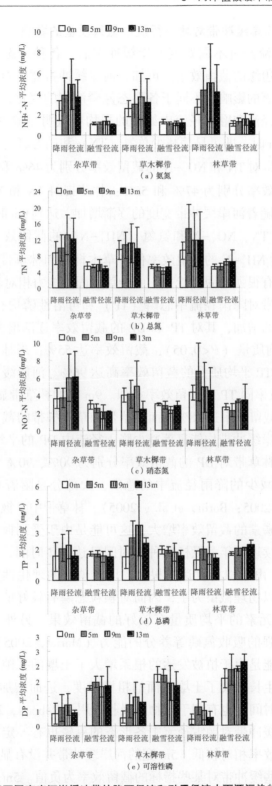

图 5-2 流经不同宽度河岸缓冲带的降雨径流和融雪径流中面源污染物质的平均浓度

Figure 5-2 Mean nutrient concentration at successive distances from the field edge in different RVFS during rainfall and snowmelt events

5.2.1.2 不同宽度河岸缓冲带对地表径流中氮磷质量的影响

表 5-1 为地表径流经过不同宽度河岸缓冲带后，各种形态的氮和磷的平均质量，以及相对于农田边缘的截留效率。可知，河岸缓冲带宽度对地表径流中各种形态氮和磷的质量有显著的影响。不同于各形态氮磷浓度的变化，随着河岸缓冲带宽度的逐渐增加，降雨径流和融雪径流中氮磷的平均质量明显减少。3 种类型的河岸缓冲带，宽度达到 5m 时，即可显著减少总氮（TN）和硝态氮（NO_3^--N）的平均质量（$P<0.05$）。杂草带对 TN 和 NO_3^--N 的截留效率分别为 46% 和 51%；草木樨带对 TN 和 NO_3^--N 的截留效率分别为 47% 和 55%；林草带对 TN 和 NO_3^--N 的截留效率分别为 46% 和 51%。随着河岸缓冲带宽度的逐渐增加，达到 9m 时，3 种类型的河岸缓冲带对降雨径流中 TN、NO_3^--N 和氨氮（NH_4^+-N）的截留效率均达到显著水平（$P<0.05$）。杂草带对 NH_4^+-N 的截留效率低于草木樨带和林草带。这可能是由于草木樨是豆科植物，其有很强的固氮能力，而杂草带固氮能力相对较弱的原因所致。

所有的河岸缓冲带对降雨径流中总磷（TP）和可溶性磷均有一定的阻控作用。随着河岸缓冲带宽度的增加，其对 TP 和 DP 的截留效率逐渐增大。5m 宽的林草带显著减少了 TP 的平均质量（$P<0.05$），截留效率达 55%；当林草带宽度达到 13m 时，其对降雨径流中 TP 平均质量的截留效率高达 96%。河岸缓冲带对降雨径流中 DP 平均质量的截留效率同 TP 的截留效率相似。9m 宽的林草带显著减少了 DP 的平均质量（$P<0.05$），截留效率达 88%，而杂草带和草木樨带的截留效率分别为 69% 和 71%。13m 宽的河岸缓冲带均能显著减少降雨径流中 DP 的平均质量（$P<0.05$），杂草带、草木樨带和林草带对 DP 的截留效率分别为 90%、90% 和 97%。一些研究表明，河岸缓冲带所减少的降雨径流中的总磷，大部分是附着在固体颗粒态的磷（Syversen and Borch，2005；Borin，et al.，2005）。林草带中，枫杨的加入使得河岸缓冲带对降雨径流中磷素的截留效率增大，这可能是由于受到枫杨发达的根系所影响。试验采样时间持续近 2 年，枫杨的种植时间已达 2 年时间，根系较为发达，须根可达到 50cm 以上，由于枫杨发达的根系，以及磷素的理化性质，枫杨对径流中磷素的阻控作用可能以物理截留为主，因而对颗粒态磷有较好的阻控作用。这使得林草带对氮磷等营养元素的平均质量有较好的截留效果。另外，树龄较小的乔灌木，比草本植物有更强的吸收氮磷等养分的能力（Mariet，2005）。降雨径流中 DP 的平均质量的降低可能是由于植被发达的根系增大了土壤的孔隙度，增大了径流的渗透效率；另外植物生长增大了土壤表面的粗糙程度，进而增加了 DP 与土壤表面以及根际土壤的接触时间，也有利于植物的吸收利用（Roberts，2012）。

不同宽度的河岸缓冲带对融雪径流中各形态的氮磷也有一定的阻控作用，但与降雨径流相比，截留效率相对较低。5m 宽的河岸缓冲带并没有显著减少各形态氮磷的平均质量。甚至一些缓冲带对某些指标的截留效率为负值。5m 宽的林草带对 NH_4^+-N 和 DP 的截留效率分别为 -4% 和 -3%；而 5m 宽的杂草带对 DP 的截留效率为 -14%。尽管 5m 宽的河岸缓冲带对各形态氮磷的平均质量无明显影响。但 13m 宽的河岸缓冲带对各形态氮磷的平均质量截留效率却有显著降低趋势，除杂草带对DP的截留效率为30%外，其余缓冲带对各形态氮磷的平均质量截留效率均达50%以上。对杂草带并没有定期的收割和处理，在春季冰雪消融时，杂草带中衰败的植物残体可能会释放磷素，致使杂草内可溶性磷元素浓度过高，因此，对DP的截留效率较低。

前人的研究结果表明，河岸缓冲带越宽，对氮素磷素质量的截留转化效率越高（Lee, et al., 2003; Dillaha, et al., 1989; Haycock et al., 1993）。Patty et al. (1997) 研究发现6m、12m和18m宽的河岸缓冲带对地表径流中NO_3^--N质量的截留效率分别为86%、95%和97%，对地表径流中DP质量的截留效率分别为79%、89%和89%；Lee et al. (2003) 研究发现7m和16.3m宽的河岸缓冲带对地表径流中TN质量的截留效率分别为80.3%和93.9%，对NO_3^--N质量的截留效率分别为62.4%和84.9%，对TP质量的截留效率分别为78.0%和91.3%，对正磷酸盐磷（$PO_4^{3-}-P$）质量的截留效率分别为57.5%和79.8%；Dillaha et al. (1989) 发现4.6m和9.1m宽的河岸缓冲带对地表径流中TN质量的截留效率分别为54%和73%，对TP质量的截留效率分别为61%和79%；Vough（1994）等研究发现8m和16m宽的河岸缓冲带对地表径流中NO_3^--N质量的截留效率分别为20%和50%，对DP质量的截留效率分别为66%和95%。另有研究表明，河岸缓冲带越宽，对氮磷元素浓度的截留效率越高（Peterjohn and Correl, 1984; Clausen, 2000）。Wenger（1999）对前人研究成果进行总结指出，通常情况下，随着河岸缓冲带宽度的增加，河岸缓冲带对径流中各形态氮素和磷素的截留效率增加，但因具体环境条件不同，截留效率以及相关性有明显的差异。

本研究与上述研究结果大致相似，但又有所不同。本研究表明，不同宽度的河岸缓冲带并没有显著降低地表径流中各形态氮磷的浓度，但显著减少了地表径流中各形态氮磷的质量，这是因为较宽的河岸缓冲带拦截了更多的径流量。河岸缓冲带宽度若逐渐增加，地表径流的流速会逐渐降低，这促进了径流的入渗，延长了过滤时间，有利于缓冲带对污染物的截留。

表5-1　3种类型的河岸缓冲带在不同宽度下截留污染物的平均质量及效率

Table 5-1　Mean nutrient loads per event and retention efficiency at successive distances from the field edge in three vegetated filter strips

监测项目	缓冲带类型	监测类型	0m	5m	9m	13m
NH_4^+-N（mg）	杂草带	降雨径流	3.56 a	2.63（26%）ab	1.54（57%）bc	0.53（85%）c
		融雪径流	3.37 a	3.30（2%）a	3.12（7%）a	1.79（47%）b
	草木樨带	降雨径流	3.48 a	1.78（49%）b	0.79（77%）bc	0.22（94%）c
		融雪径流	4.01 a	2.88（28%）ab	2.18（46%）bc	1.87（53%）c
	林草带	降雨径流	3.44 a	1.79（48%）b	0.74（78%）bc	0.28（92%）c
		融雪径流	3.43 a	3.56（-4%）a	2.46（28%）b	1.63（52%）b

续表

监测项目	缓冲带类型	监测类型	0m	5m	9m	13m
TN（mg）	杂草带	降雨径流	12.84 a	6.99（46%）b	4.43（65%）b	1.64（87%）b
		融雪径流	17.10 a	16.08（6%）a	13.10（23%）ab	9.23（46%）b
	草木樨带	降雨径流	12.51 a	6.65（47%）b	2.75（78%）bc	0.82（93%）c
		融雪径流	16.56 a	14.27（14%）a	8.31（50%）bc	8.56（48%）c
	林草带	降雨径流	11.86 a	6.39（46%）b	2.10（82%）bc	0.82（93%）c
		融雪径流	16.81 a	14.51（14%）ac	10.84（36%）bc	7.62（55%）d
NO_3^--N（mg）	杂草带	降雨径流	5.68 a	2.79（51%）b	2.09（63%）b	0.78（86%）b
		融雪径流	9.15 a	7.89（14%）ab	4.90（46%）bc	4.05（56%）c
	草木樨带	降雨径流	5.55 a	2.52（55%）b	1.14（79%）b	0.25（95%）b
		融雪径流	9.36 a	8.10（13%）a	4.57（51%）b	4.92（47%）bc
	林草带	降雨径流	5.67 a	2.80（51%）b	0.81（86%）bc	0.30（95%）c
		融雪径流	8.60 a	6.51（24%）ab	5.74（33%）b	3.88（55%）b
TP（mg）	杂草带	降雨径流	2.36 a	1.57（33%）ab	0.66（72%）bc	0.23（90%）c
		融雪径流	5.29 a	5.18（2%）a	3.43（35%）b	2.98（44%）b
	草木樨带	降雨径流	2.14 a	1.74（19%）a	0.64（70%）b	0.16（93%）c
		融雪径流	6.10 a	5.39（12%）a	3.57（41%）b	2.54（58%）b
	林草带	降雨径流	2.52 a	1.14（55%）b	0.28（89%）c	0.10（96%）c
		融雪径流	5.95 a	5.70（4%）a	3.36（44%）b	2.73（54%）b
DP（mg）	杂草带	降雨径流	0.68 a	0.46（32%）b	0.21（69%）b	0.07（90%）b
		融雪径流	3.95 a	4.52（-14%）a	3.04（23%）b	2.75（30%）b
	草木樨带	降雨径流	0.59 a	0.44（25%）b	0.17（71%）b	0.06（90%）b
		融雪径流	5.40 a	4.78（11%）a	2.98（45%）b	2.15（60%）b
	林草带	降雨径流	0.74 a	0.35（53%）b	0.09（88%）c	0.02（97%）c
		融雪径流	5.21 a	5.35（-3%）a	3.22（38%）b	2.60（50%）b

注：（1）同一行内不同字母代表差异显著（$P<0.05$）；
　　（2）括号内数字代表不同宽度的缓冲带对污染物总量的截留效率。

5.2.1.3 不同类型河岸缓冲带对地表径流中氮磷总质量的影响

3 种类型的河岸缓冲带显著减少了地表径流（降雨径流+融雪径流）中各种形态氮和磷的总量。图 5-3（a），（b），（c）为在同一宽度内，不同类型的河岸缓冲带对氮磷总量的截留效率图。由图 5-3（a）可知，在河岸缓冲带宽度同为 5m 时，不同类型的河岸缓冲带对地表径流中各形态氮磷的截留效率不同。杂草带对地表径流中 TN 和 NO_3^--N 的截留效率分别为 39%和 44%；草木樨带对 TN 和 NO_3^--N 的截留效率分别为 43%和 47%；林草带对 TN 和 NO_3^--N 的截留效率分别为 43% 和 46%，3 种类型的河岸缓冲带之间对两者的截留效率并无显著性差异。草木樨带和林草带对地表径流中 NH_4^+-N 的截留效率分别为 44%和 42%，杂草带对地表径流中 NH_4^+-N 的截留效率仅为 24%，显著低于草木樨带和林草带（$P<0.05$）。3 种类型的河岸缓冲带减少了地表径流中 TP 和 DP 的总质量，但对 TP 和 DP 总质量的截留效率低于对径流量和氮素总量的截留效率。5m 宽的 3 种类型的河岸缓冲带中，林草带对 TP 的截留效率最高，可达 39%。

随着河岸缓冲带宽度的逐渐增加，河岸缓冲带对各形态氮磷总量的截留效率也逐渐增大。由图 5-3（b）可知，在河岸缓冲带宽度同为 9m 时，杂草带、草木樨带

和林草带对地表径流中 NO_3^--N 的截留效率分别为 60%、74% 和 77%；对 DP 的截留
效率分别为 53%、58% 和 62%。3 种类型的河岸缓冲带对两者的截留效率无显著性
差异（$P>0.05$）。杂草带对地表径流中 NH_4^+-N 和 TN 的截留效率显著低于草木樨带
和林草带（$P<0.05$），其截留效率分别为 51% 和 59%，而草木樨带和林草带对地表
径流中 NH_4^+-N 和 TN 的截留效率均达到 72% 以上，草木樨带和林草带对两者的截留
效率无显著性差异。林草带对地表径流中 TP 的截留效率较高，可达 76%，显著高
于杂草带的 64% 和草木樨带的 66%。

    由图 5-3（c）可知，在河岸缓冲带宽度同为 13m 时，地表径流中各形态氮磷
的含量显著降低。除了地表径流中 DP 外，3 种类型的河岸缓冲带对地表径流中其他
形态氮磷的截留效率均达到了 79% 以上。其中林草带对地表径流中 TN、NO_3^--N 和

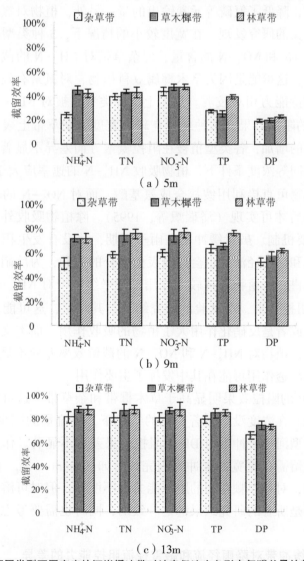

图 5-3　不同类型不同宽度的河岸缓冲带对地表径流中各形态氮磷总量的截留效率

Figure 5-3　Retention effectiveness of different RVFS in reducing total pollutant loads

TP的截留效率最大，分别为87%、87%、88%和85%；草木樨带对地表径流中 NH_4^+-N 和 DP 的截留效率最大，分别为88%和74%；杂草带对地表径流中各形态氮磷的截留效率低于草木樨带和林草带，但三者差异不显著。3 种类型的河岸缓冲带对地表径流中 DP 的截留效率低于其他指标，杂草带、草木樨带和林草带对其截留效率分别为66%、74%和73%。

本研究表明，河岸缓冲带并没有显著降低地表径流中各形态氮磷的浓度，但显著减少了地表径流中各形态氮磷的质量。各植被类型截留面源污染物氮磷受多方面影响。河岸缓冲带植被可增加土壤表面粗糙程度，通过拦截径流以及径流中的悬浮颗粒物，从而阻控附着在固体颗粒物上的氮磷向水体迁移（Correll，1997）；植被发达的根系可使土壤变得疏松，增加土壤孔隙度，促进了地表径流的渗透作用，在减少径流量的同时，降低了氮磷等元素输出的量；另外，植物对氮磷的吸收也起到了一定的作用。本文的研究发现，在宽度较小的情况下，3 种类型的河岸带均可显著降低地表径流中 TN 和 NO_3^--N 的含量，但杂草带对 NH_4^+-N 的截留效率显著低于草木樨带和林草带，这可能是因为草木樨属豆科植物，对氮素有较强的固持能力，而杂草对氮素的固持能力相对较弱。总体上，各类型植被对 NH_4^+-N 的阻控效果也较低于对 NO_3^--N 的阻控效果，这种现象在较小宽度的杂草带上表现尤为明显。随着河岸缓冲带宽度的增加，各类型植被在阻控氮素方面差异不显著。根据植物吸收氮素机制表明，在同等浓度条件下，植物吸收 NH_4^+-N 的速率应大于吸收 NO_3^--N 的速率。这是因为植物可直接利用铵盐合成氨基酸，而对 NO_3^--N 的利用必须经过在植物体内代谢还原后才可实现（潘瑞炽等，1995）。除植物吸收外，反硝化作用是去除 NO_3^--N 的主要机制。虽然缓冲带在雨季时期，并没有发生积水现象，但大量降水所引起的径流和融雪径流，也会造成表土水分的饱和，为反硝化作用提供了厌氧环境。从理论上讲，若植物发挥较大作用，河岸缓冲带对 NH_4^+-N 的阻控效果应大于对 NO_3^--N 的阻控效果，本试验的研究结果与其相反，这可能是因为降雨径流的渗透作用较强，或者是反硝化作用大于植物的吸收作用。而本文研究发现，在较大宽度的缓冲带上，植物对 NH_4^+-N 和 NO_3^--N 的截留效率差异不显著。按以上因素推算，降雨径流的渗透作用可能在其中发挥了主要作用。

林草带对 TP 的阻控效果明显高于草木樨带和杂草带。这可能与对地表径流量的阻控能力有关。在浓度没有显著变化的情况下，径流量的减少，必然引起 TP 总量的降低。各类型河岸缓冲带对 DP 的阻控效果差异不显著。作为生物可利用的可溶性磷，对其截留需在更宽的缓冲带内完成。如 Schmitt et al.（1999）研究表明，缓冲带宽度加倍，对悬浮颗粒物的阻控能力并不明显，但对可溶性磷等有明显的截留作用。但并不是所有的研究结果都是一致的，同时也需要考虑如缓冲带坡度等其他因素的影响。

5.2.1.4 河岸缓冲带对降雨径流和融雪径流阻控能力的差异

农田输入到各类型的河岸缓冲带中的氮磷总量差异不显著（$P<0.5$）。图 5-4

为农田边缘（0m）处，通过降雨径流和融雪径流输入到河岸缓冲带的氮磷总量平均值的比例图。本文将降雨径流分为两个时间阶段，分别是2012年（第一年）和2013年（第二年）的降雨径流。融雪径流为第一年冬季过后的融雪径流。由图可知，融雪径流中，各形态氮的流失显著低于降雨径流，仅仅占全部降雨径流的20%。

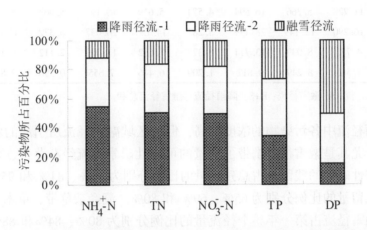

图5-4 农田通过降雨径流和融雪径流输入到河岸缓冲带的氮磷总量的百分比

Figure 5-4 The percentage of the mean pollutants loads occurring between rainfall and snowmelt from the agricultural edge

融雪径流中可溶性磷的流失量是第一年降雨径流中可溶性磷流失量的4倍，是第二年降雨径流流失量的1.5倍。冬季过程，植物逐渐衰败，大量植物死亡。冬季过后，植物残体在冻融过程中很有可能加速释放可溶性磷酸盐（Lewis and Grant，1980；Fitzhugh，2001）；同时，冻融过程破坏了土壤微生物的细胞结构，磷酸和磷脂得以释放，也可以导致可溶性磷的流失。

表5-2是对降雨径流和融雪径流通过13m宽的河岸缓冲带时所携带的污染物残留总量的统计结果。可知，通过草木樨带和林草带的降雨径流中TN的残留量仅占杂草带降雨径流TN残留量的50%左右，而对于融雪径流而言，流经各类型缓冲带后的TN的残留量无明显不同。流经草木樨带的降雨径流中 NH_4^+-N 和 NO_3^--N 的残留量分别占杂草带残留量的41%和32%，流经林草带的降雨径流中 NH_4^+-N 和 NO_3^--N 的残留量分别占杂草带残留量的53%和39%；而流经各类型河岸缓冲带的融雪径流中 NH_4^+-N 和 NO_3^--N 的残留总量相类似。总体上，流经13m宽杂草带径流中氮素的残留量明显大于草木樨带和林草带，降雨径流中氮素的残留量大小依次是草木樨带<林草带<杂草带。流经林草带的降雨径流中TP和DP的残留量明显低于杂草带和草木樨带，分别为2.112mg和0.396mg。林草带显著减少了径流中磷素的含量，有效地阻控了磷素的迁移。这主要是枫杨生长良好，乔木与草本植物的结合增加了土壤表面的粗糙程度，提高了土壤的渗透率，所以林草带能更有效地阻控径流，从而截留径流所携带的污染物质。

表 5-2　降雨径流和融雪径流通过河岸缓冲带后所携带的污染物的残留量

Table 5-2　Total loads of pollutants transported within the 13 m strips in rainfall and snowmelt events

	杂草带			草木樨带			林草带		
	R	S	R+S	R	S	R+S	R	S	R+S
TN（mg）	34.442	27.682	62.124	17.175	25.695	42.87	17.152	22.863	40.015
NH_4^+-N（mg）	11.228	5.366	16.594	4.574	5.619	10.193	5.962	4.888	10.850
NO_3^--N（mg）	16.290	12.149	28.439	5.287	14.750	20.037	6.372	11.648	18.020
TP（mg）	4.775	8.939	13.714	3.377	7.632	11.009	2.112	8.191	10.303
DP（mg）	1.563	8.249	9.812	1.209	6.446	7.655	0.396	7.810	8.206

注：R，降雨径流；S，融雪径流；R+S，降雨径流与融雪径流总和。

尽管降雨径流中各污染物的浓度较高，但该区域融雪径流所引起的农业面源污染仍较严重。尤其是融雪径流携带了大量的可溶性磷素，流经杂草带、草木樨带和林草带时可溶性磷素的残留量占总残留量的比例分别为 84%、84% 和 95%，总磷的残留量占总残留量的比例分别为 65%、69% 和 80%。流经杂草带、草木樨带和林草带的第一年融雪径流占第一年整个径流量的比例分别为 80%、84% 和 88%。本试验的研究结果与 Culley（1983）和 Jamieson（2003）等的研究结果相类似。Culley 发现春季融雪产生的径流量可占全年总径流量的 65%，融雪径流中所携带 TP 的含量占全年的 1/2 以上。Jamieson 对加拿大魁北克农业面源污染进行了研究，结果发现，融雪径流总量占全年径流总量的 99.8%，来自融雪径流中的 TP 和正磷酸盐的含量分别占全年两者总负荷量的 96.7% 和 99.1%，融雪径流中氮素的负荷量也显著高于降雨径流。本文研究表明，在杂草带和草木樨带中，融雪径流所引起的面源污染超过了全年总量的 50%。我们的研究结果和 Fitzhugh（2001）的研究相一致，土壤冻融作用提高了氮和磷的淋溶效率。同时，由于低温环境，植物对氮磷等营养元素吸收能力较弱；另外，植物残体的矿化和反硝化作用也可能加速了体系内氮素的释放。

5.2.2　河岸缓冲带对土壤溶液中氮磷的阻控作用

图 5-5 为不同宽度河岸缓冲带内土壤溶液中各形态氮磷的平均浓度，可知，土壤溶液中各形态氮磷的浓度变化差异较大。方差分析表明，各类型河岸缓冲带在不同宽度下的土壤溶液中的各形态氮磷的浓度差异不显著（$P>0.05$）。由图 5-5（a）可知，随着宽度的逐渐增加，各类型河岸缓冲带土壤溶液中 NH_4^+-N 的浓度呈现降低的趋势，尤其是草木樨带降低趋势较为明显，这主要是由于雨水在缓冲带表面流动的过程中，缓冲带土壤对地表径流中的 NH_4^+-N 起到了净化作用。土壤颗粒和土壤胶体对 NH_4^+-N 具有强烈的吸附作用，使得大部分可交换态 NH_4^+-N 吸附于其表面，成为不易移动的结合态氮，从而保持在土壤中（黄玲玲，2009）。虽然草木樨可以通过根系进行固氮作用，但研究区域属人工改造河岸带，土壤较贫瘠，受人为

干扰较大。因此，深层土壤氮有效性较低，土壤的吸附能力并未达到饱和，所以，

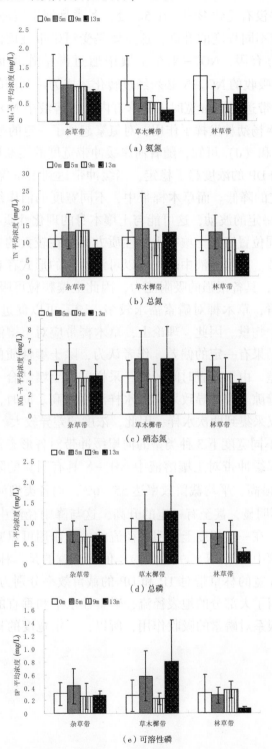

图 5-5　流经不同宽度河岸缓冲带内土壤溶液中面源污染物质的平均浓度

Figure 5-5　**Mean nutrient concentration of soil solution at successive distances from the field edge in different RVFS**

对NH_4^+-N的迁移能力受到限制。随着各类型缓冲带宽度的增加，土壤溶液 NO_3^--N 和 TN 浓度的变化并没有受到影响。在 5m 处，各类型河岸缓冲带土壤溶液中 NO_3^--N 和 TN 的浓度均有不同程度的升高，这主要是受河岸带坡度的影响，同时土壤对 NO_3^--N 的吸附能力有限，NO_3^--N 在土壤中通过淋溶作用而流失（司友斌等，2000）。另外，植物吸收的 NO_3^--N 必须经过转化才成为可利用的养分（潘瑞炽与董愚得，1995）。缓冲带达到 13m 宽时，林草带内土壤溶液中 NO_3^--N 和 TN 的浓度较低，这可能是由于枫杨幼林发挥了作用，对氮素起到了一定的吸收作用。

由图 5-5（c）和（d）可知，随着河岸缓冲带宽度的逐渐增加，杂草带和林草带土壤溶液中 TP 和 DP 的浓度趋于稳定，当缓冲带达到 13m 宽时，土壤溶液中 TP 和 DP 的浓度有一定的降低。而草木樨带中，不同宽度的河岸缓冲带，土壤溶液中 TP 和 DP 的浓度有一定的波动，这可能与土壤本身的理化性质有关，由于缓冲带受人为干扰较大，不同位置底层土壤在土壤性质方面存在较大的差异，这与土壤背景值的调查结果相一致。土壤溶液中磷主要以可溶性磷的形式存在，而可溶性磷主要以 PO_4^{3-} 的形态存在，具备很强的吸附能力，因此土壤颗粒可吸附大量的可溶性磷。从植物吸收的角度看，草木樨对磷素需求较多，磷素可以促进草木樨根系的发育，从而增加草木樨的生物量。因此，理论上，草木樨带应对土壤溶液中磷素有一定阻控作用，但本试验结果有一定的偏差。作者认为，除土壤性质的差异外，采样过程中也有可能存在误差。由于布置时间较短，采样器与土壤结合不完全，径流水产生优先流，顺采样器缝隙下渗，导致采集的水样浓度过高。同时，样品的采集次数较少，13m 处采样点仅采集到两次水样，因此，浓度的差异较大。

表 5-3 列出了不同宽度下 3 种类型的河岸缓冲带对各形态氮磷的截留效率。由表可见，各类型河岸缓冲带对土壤溶液中 NH_4^+-N 具有明显的阻控作用。草木樨对 NH_4^+-N 的截留效率最高，平均截留效率达 55.76%。而各类型河岸缓冲带对 NO_3^--N 和 TN 的阻控效果不明显，甚至有一定的升高，这与降雨径流中 NO_3^--N 和 TN 浓度的变化规律相一致，在一定程度上说明了径流的入渗作用可以减少氮素随径流的输出量，但增加了土壤中 NO_3^--N 流失的风险。值得注意的是，林草带对 TP 和 DP 的阻控效果较好，13m 宽的林草带对 TP 和 DP 的截留效率分别为 62.15% 和 80.01%。这主要是林草带截留了大部分的地表径流，磷素在水平和垂直的迁移过程中附着在土壤上，加之植被根系对磷素的吸收作用，所以，一定宽度的林草带对磷素的阻控作用较明显。

表5-3　3种类型的河岸缓冲带在不同宽度下对污染物浓度的截留效率

Table 5-3　The retention efficiency at successive distances from the field edge in three vegetated filter strips

监测项目	缓冲带类型	5m	9m	13m	平均截留效率
NH_4^+-N（%）	杂草带	10.56	15.48	28.05	18.03
	草木樨带	39.88	53.88	73.52	55.76
	林草带	53.11	63.32	41.08	52.50
TN（%）	杂草带	-18.88	-22.14	24.09	-5.64
	草木樨带	-20.45	14.74	-9.49	-5.07
	林草带	-22.70	-1.69	38.05	4.56
NO_3^--N（%）	杂草带	-14.24	16.81	11.88	4.82
	草木樨带	-44.31	8.96	-44.44	-26.60
	林草带	-15.47	0.64	24.20	3.12
TP（%）	杂草带	-4.49	12.73	8.19	5.48
	草木樨带	-23.08	38.92	-48.74	-10.97
	林草带	2.03	-2.07	62.15	20.70
DP（%）	杂草带	-40.35	14.0	8.18	-6.04
	草木樨带	-111.79	17.09	-199.44	-98.05
	林草带	11.88	-19.00	80.01	24.30

5.2.3　河岸缓冲带植被对氮磷的吸收作用

5.2.3.1　不同植物的生物量及其分配

表5-4表明，不同类型河岸缓冲带植被生物量存在显著性差异（$P<0.05$）。同时，对于草木樨和枫杨而言，在不同的采样时间内，两者的生物量也有显著的不同。杂草和草木樨地上部分的生物量为0.64~0.84kg/m²，地下部分生物量为0.27~0.49kg/m²，总的生物量为0.92~1.33kg/m²。2012年7月14日和2013年7月13日两个采样时间之间，杂草地上部分和地下部分生物量并无显著性差异，而草木樨地上部分的生物量有显著性差异，地下部分差异并不显著。草木樨地上部分和地下部分的生物量均高于杂草，但地上部分与地下部分生物量的比例显著低于杂草；枫杨的生物量变化较大，无论是地上还是地下部分，第二年的生物量均显著高于第一年，这体现了枫杨有较强的生长能力。枫杨地上部分与地下部分生物量的比例显著高于杂草和草木樨。总体上，各植物地上部分的生物量均高于地下部分的生物量。

表5-4　各类型河岸缓冲带内不同植物地上和地下部分生物量

Table 5-4　Biomass of aboveground and underground of plants in three vegetated filter strips

植物类型	采样时间	地上部分生物量	地下部分生物量	总生物量	地上生物量/地下生物量
杂草[1]	2012年7月14日	0.64±0.13 a *	0.28±0.04 a	0.92±0.07 a	2.29 a
	2013年7月13日	0.69±0.12 ab	0.27±0.06 a	0.96±0.14 a	2.56 ad
草木樨[1]	2012年7月14日	0.71±0.09 b	0.42±0.17 b	1.13±0.21 b	1.69 b
	2013年7月13日	0.84±0.13 c	0.49±0.11 b	1.33±0.19 c	1.71 b
枫杨[2]	2012年7月14日	6.59±1.34 A * *	2.14±0.99 A	8.73±2.14 A	3.08 A
	2013年7月13日	9.97±1.78 B	4.02±0.48 B	13.99±2.08 B	2.48 B

注: 1-杂草和草木樨氮磷累积量单位以 kg/m; 2-枫杨生物量以单株计算, 单位: kg/株; * 同一列不同字母代表草本植物间差异显著 ($P<0.05$); * * 同一列不同字母代表枫杨两次采样之间差异显著 ($P<0.05$)。

5.2.3.2　不同植物氮磷的浓度变化

河岸缓冲带内不同植物地上部分和地下部分氮磷浓度如表5-5所示。各类型植物地上部分 TN 和 TP 的浓度分别为 11.78~28.17g/kg 和 0.98~1.69g/kg, 其中草木樨地上部分 TN 的浓度最高, 其次是枫杨和杂草, 但两者地上部分 TN 浓度无显著性差异。在第一年和第二年, 每种植物地上部分 TN 的浓度均有明显的不同。枫杨地上部分 TP 的浓度最高, 而第一年杂草地上部分 TP 浓度高于草木樨, 但差异不显著, 第二年草木樨 TP 的浓度显著高于杂草。各类型植物地下部分 TN 和 TP 的浓度分别为 7.21~14.25g/kg 和 0.72~1.51g/kg, 其中草木樨 TN 的浓度依然最高, 尤其是第二年地下部分 TN 的浓度显著高于其他各类型植物。第一年杂草和枫杨地下部分 TN 的浓度无显著性差异, 而第二年枫杨地下部分 TN 的浓度显著高于杂草。枫杨地下部分 TP 的浓度显著高于杂草和草木樨, 而杂草和草木樨地下部分 TP 浓度变化无明显规律。总体上, 各植物地上部分氮磷浓度均高于地下部分氮磷的浓度。

表5-5　各类型河岸缓冲带内不同植物地上和地下部分氮磷浓度

Table 5-5　Nitrogen and phosphorus concentrations of aboveground and underground of plants in three vegetated filter strips

植物类型	采样时间	TN 浓度 (g/kg)		TP 浓度 (g/kg)	
		地上部分	地下部分	地上部分	地下部分
杂草	2012年7月14日	14.36±1.37 a	8.31±1.01 a	1.12±0.42 a	0.94±0.28 a
	2013年7月13日	11.78±1.19 b	7.23±0.88 a	0.98±0.23 b	0.72±0.17 b
草木樨	2012年7月14日	21.42±2.72 c	12.84±1.93 bc	1.02±0.12 ab	0.79±0.13 bc
	2013年7月13日	28.17±2.38 d	14.25±2.08 c	1.21±0.34 a	0.85±0.19 c
枫杨	2012年7月14日	11.82±1.18 b	8.59±1.23 a	1.69±0.36 c	1.21±0.21 d
	2013年7月13日	15.27±2.24 a	11.19±1.78 b	2.03±0.69 d	1.51±0.37 e

注: 同一列不同字母代表差异显著 ($P<0.05$)。

5.2.3.3 不同植物对氮磷的累积量

表 5-6 为对不同植物地上和地下部分氮磷累积量的统计结果。两个采样时间的草本植物地上部分 TN 和 TP 的累积量变化范围分别为 8.13～23.66g/m² 和 0.68～1.02g/m²，地下部分 TN 和 TP 的累积量变化范围分别为 1.95～6.98g/m² 和 0.19～0.42g/m²。两次采样中，草木樨对 TN 和 TP 的累积量均显著高于杂草，尤其是第二年地上和地下部分均显著高于第一年的累积量，而杂草地上部分 TN 和 TP 的累积量在两次采样中无显著性差异。每株枫杨对 TN 和 TP 的累积量较大，地上部分和地下部分第二年对 TN 和 TP 的累积量均大于第一年。这主要是因为第二年枫杨生物量较第一年明显增加，提高了枫杨对氮磷的累积能力。

表 5-6 各类型河岸缓冲带内不同植物地上和地下部分氮磷累积量

Table 5-6 accumulation of nitrogen and phosphorus of plants on aboveground and underground in three vegetated filter strips

植物类型	采样时间	TN 积累量		TP 积累量	
		地上部分	地下部分	地上部分	地下部分
杂草[1]	2012 年 7 月 14 日	9.19±1.12 a *	2.33±0.19 a	0.72±0.09 a	0.26±0.04 a
	2013 年 7 月 13 日	8.13±1.03 a	1.95±0.24 b	0.68±0.21 a	0.19±0.08 b
草木樨[1]	2012 年 7 月 14 日	15.21±2.13 b	5.39±0.71 c	0.72±0.26 a	0.33±0.10 c
	2013 年 7 月 13 日	23.66±3.01 c	6.98±1.22 d	1.02±0.05 b	0.42±0.14 d
枫杨[2]	2012 年 7 月 14 日	77.89±5.76 A **	18.38±3.16 A	11.14±1.21 A	2.59±0.84 A
	2013 年 7 月 13 日	152.24±8.44 B	44.98±2.37 B	20.24±2.53 B	6.07±1.19 B

注：1-杂草和草木樨氮磷累积量单位为 g/m²；2-枫杨氮磷累积量以单株计算，单位：g/株；* 同一列不同字母代表草本植物间差异显著（$P<0.05$）；** 同一列不同字母代表枫杨两次采样之间差异显著（$P<0.05$）。

河岸缓冲带植被在去除农业面源污染中起着至关重要的作用（Lowrance, et al., 1985）。植物生长生活过程会消耗大量氮磷等营养元素，植物生长过程中吸收截留径流和土壤中残留的可利用化合物，降低土壤污染负荷（Benoit, et al., 2001）。不同类型植物对氮磷的吸收能力不同，因此，对氮磷等元素的累积量有一定的差异。有研究表明，这种差异主要来自生物量的差异（余红兵，2012）。本试验结果表明，草木樨比杂草有更大的氮磷累积量，这不仅受到生物量的影响，其植物本身各组织器官氮磷浓度也有一定差异，这主要是由豆科植物本身的固氮能力所致。豆科植物具有庞大的根系与根瘤菌的结合，表现出较强的固氮能力（黄维南，1995；王刘杰，2010）。枫杨对氮磷有较强的累积能力，这与枫杨的生理指标和生物量存在一定的关系。张娟（2011）研究表明，湿地系统对 TN 的去除率与枫杨各形态指标之间均呈一定的正相关关系，这表明，枫杨各形态指标的不断增长有利于湿地系统对 TN 的去除率的提高。试验表明，单株枫杨 TN 和 TP 的累积量较大，枫杨对 TN 和 TP 的累积量占整个系统去除量的 30%～50%。因此，草木樨和枫杨组成的林草带对体系中氮磷有很强的吸收能力，从植物对氮磷累积的角度证明了林草带对农业面源污染物有很强的阻控能力。

本试验结果还表明,草本和木本植物地上部分生物量以及对 TN 和 TP 的累积量均大于地下部分。这表明杂草、草木樨和枫杨对体系氮磷的去除主要取决于地上部分的生物量以及植物本身的累积能力。因此,适时对植物地上部分的收割,可以将氮磷从体系中永久去除。余红兵(2012)研究发现,收割生态沟渠中的美人蕉,可去除体系中 28.23g/m^2 的总氮,收割狐尾藻可去除体系中 4.49g/m^2 的总磷。适时对植物地上部分的收割可促进植物的再生,增大植物对氮磷等营养元素的累积量,同时能够有效避免由于植物枯萎物分解释放氮磷等对水体造成的二次污染(姜翠玲,2005)。本试验中,在每年 7 月份对草木樨的收割,单次可去除氮的含量范围为 15.21~23.66g/m^2,可去除磷的含量范围为 0.72~1.02g/m^2。总体上,本文研究发现,河岸缓冲带植被对氮磷的累积能力与对面源物质氮磷的阻控能力有着密切的关系。乔木枫杨的加入,使得林草带对氮磷的累积能力更加突出,这也是林草带对径流中氮磷有较强的截留作用的原因。

5.3 结论

(1)各类型河岸缓冲带并没有显著影响地表径流中氮磷的浓度,但对地表径流总氮磷的质量有一定的阻控作用。5m 宽的各类型河岸缓冲带可以显著减少降雨径流中氮素的质量(除杂草带对氨氮含量的截留效率)外,9m 宽的各类型河岸缓冲带可以显著减少降雨径流中磷素的质量。随着河岸缓冲带宽度的逐渐增加,缓冲带对各形态氮磷质量的截留效率也逐渐增大。

(2)草木樨和林草带对降雨径流中氮素总量的阻控效率范围分别为 43.0%~87.6% 和 42.0%~86.9%,显著高于杂草带的阻控效率。林草带对磷素的阻控效率显著大于草木樨带和杂草带。这主要是豆科植物对氮素有较强的吸收固持能力,而且林草带的生物量较大,对氮磷有很强的累积能力,同时,渗透作用也可能是污染物去除的另一个主要机制。

(3)各类型河岸缓冲带对融雪径流中污染物的阻控能力较差,尤其是在融雪径流中,可溶性磷的含量较高,缓冲带对其的阻控效果不明显。冻融作用增加了缓冲带体系可溶性磷的含量,因此,该区域融雪径流可增大水体受可溶性磷素污染的风险。

(4)各类型河岸缓冲带对土壤溶液中 NH_4^+-N 有一定的阻控作用,平均截留效率为 18.03%~55.76%。13m 宽的林草带对 TP 和 DP 的截留效率分别为 62.15% 和 80.01%。各类型河岸缓冲带对其他形态氮磷浓度无明显影响。

(5)草木樨和枫杨对氮磷有较好的累积能力,7 月对草木樨地上部分进行收割,单次可去除氮的含量范围为 15.21~23.66g/m^2,去除磷的含量范围为 0.72~1.02g/m^2。缓冲带各植物对氮磷的累积能力大小依次是枫杨>草木樨>杂草,与缓冲带对各形态氮磷截留效率的大小顺序一致,这说明植物在阻控农业面源污染发挥了一定的作用。

6　河岸植被缓冲带对氮磷去除效果的模拟研究

　　郑培生等对辽河流域农业面源污染结构与格局特征进行了研究，结果表明，农田径流是辽河流域面源污染的主要来源，农业面源污染中农田流失的氮磷引起的污染也日益严重，河水污染及水体富营养化现象频频发生（刘燕，2014）。这种现象的发生，引起了国内外学者的热议，并对农业面源污染的治理问题进行了大量的研究。结果表明：河岸缓冲带能够有效地阻控农业面源污染，无论是草本植物河岸缓冲带还是森林河岸缓冲带，都能有效地截留转化农田径流中的磷素和氮素。然而，如何确定确切的植被组合模式以及合理的河岸缓冲带宽度，并没有一个明确的答案。刘燕等研究发现，混合草本（高羊茅+白花三叶草）河岸缓冲带对总氮和总磷的去除率可达到 39.35% 和 50.89%，高于单一草本的去除效果（郑培生，2012）；Roxane 等人的研究表明，对大部分氮、磷素的去除主要发生在河岸缓冲带前 35~90 英寸（即 10.7~27.5m）内，同时也提出，在一定的宽度范围内，河岸带越宽，对氮素的消除率就越高（Roxane，et al.，1997）。这些观点已经得到了国内外专家学者的认可。但目前大多数研究均集中于对温暖地区的河岸带或湖滨带，对冷季型的河岸缓冲带植被去除农业面源污染的研究较少，对寒冷地区河岸缓冲带的研究还不够深入，尤其是对辽河干流流域河岸缓冲带的研究还未见报道。

6.1　材料和方法

6.1.1　试验设计

　　试验区同 4.1.1。根据植物对氮、磷的去除能力的研究及河岸带植被筛选结果，此次现场试验设计共选取 3 种植物，包括 2 种草本植物和 1 种木本植物，分别为草木樨、黑麦草和杞柳。结合现场实际情况，选择一处地势平坦、坡度平缓、靠近农田的区域开展试验，进行农业面源污染中氮、磷的阻控中试试验研究。共设 6 个植被带，分为草本植被带和灌草植被带。草本植被带包括草木樨种植条带、黑麦草种植条带和蒿属杂草种植条带；灌草植被带包括杞柳+草木樨种植条带、杞柳+黑麦草种植条带和杞柳+蒿属杂草种植条带，每个条带的规格为长×宽＝15m×1.2m，坡度均为 2%，见图 6-1。本研究中不选择裸地作为空白对照条带，而选择蒿属杂草条带作为空白对照，主要是考虑现场实际情况而定，蒿属杂草的覆盖率高达 90% 以上，若人为地将其清除为空地，不但会造成环境破坏，加重水土流失和河水污染，也会过高地估计其他缓冲条带的阻控能力。

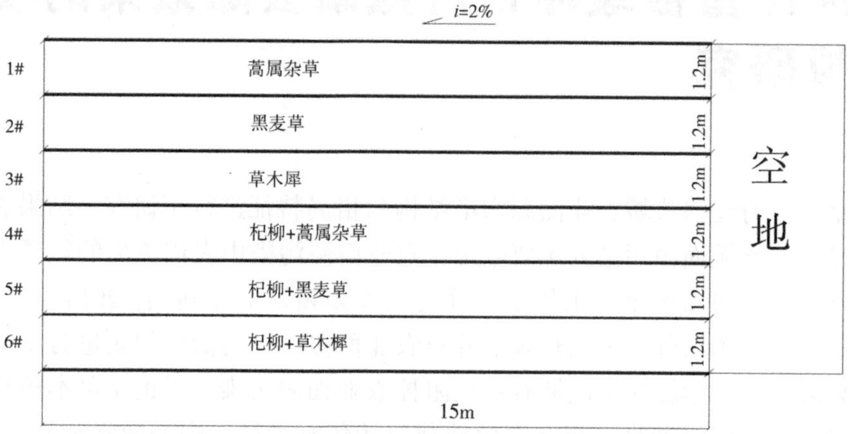

图6-1 试验样地设计
Figure 6-1 Test base

由于试验基地建立在野外，自然环境复杂，不可控因素较多，所以，在2013年，我们对现场试验基地进行了前期整理和规划。在种植植被前，人为进行现场改造，清除原有杂草，翻整土地，使试验的基础条件达到一致。根据设计要求，人工整理条带，在相邻条带之间铺设地膜，防止两条带之间渗流的相互影响。2014年3月，移植杞柳，行距0.8m，株距1m；待其长出新根，发出新芽后，人工裁剪至1.5m高；4月中旬，种植草本植物，种植密度为30g/m²。6种植被缓冲带试验区立地条件见表6-1。

表6-1 立地条件
Table 6-1 Site Condition

编号	缓冲带类型	种植模式	种植密度（g/m²）	植被覆盖度（%）	土壤类型	植被平均高度（cm）	试验地坡度	样地大小
1	草本缓冲带	草木樨	30	90	沙壤土	50	2%	1.2m×15m
2	草本缓冲带	黑麦草	30	75	沙壤土	10	2%	1.2m×15m
3	草本缓冲带	蒿属杂草	自然生长	90	沙壤土	20	2%	1.2m×15m
4	灌草缓冲带	杞柳+草木樨	30	90	沙壤土	150/50	2%	1.2m×15m
5	灌草缓冲带	杞柳+黑麦草	30	70	沙壤土	150/10	2%	1.2m×15m
6	灌草缓冲带	杞柳+蒿属杂草	自然生长	90	沙壤土	150/20	2%	1.2m×15m

该实验区土壤性质主要以沙壤土为主，表层覆盖3~5cm厚的黏质土层，表面以

下基本都是沙壤土层，个别地点在沙壤土层下还会有岩石层。如图 6-2 所示。

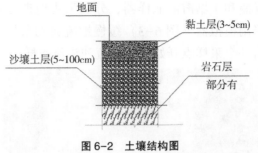

图 6-2 土壤结构图

Figure 6-2 Soil structure

根据现场实际情况和土壤的特性，在河岸缓冲带试验区域设置 10 个土壤采样点，每个采样点间隔 50m 以上，分别采集 0~20cm 的表层土和 20~40cm 的深层土进行理化性质分析。结果显示：河岸缓冲带土壤呈弱碱性，有机质含量较低，表明土壤的保水保肥能力较差；由于受周边农田施肥条件的影响，土壤中 TN、TP 含量相对较高，分别为 1624mg/kg 和 485mg/kg，而且速效磷含量达到 39mg/kg，一般认为土壤中速效磷的含量>10mg/kg 时，土壤就属于高肥力水平，其较高含量的有效态氮、磷对水体富营养化污染胁迫较大。见表 6-2。

表 6-2 河岸缓冲带土壤理化性质

Table 6-2 Soil characteristics of the vegetative filter strips

区域	pH	有机质 (mg/kg)	沙粒 (%)	黏粒 (%)	粉粒 (%)	TN (mg/kg)	TP (mg/kg)	碱解氮 (mg/kg)	速效磷 (mg/kg)
农田	6.5	8.16	33.81	9.21	56.98	1770	577	101	28
河岸	7.8	5.79	39.16	8.32	52.52	1624	485	22	39

区域	含水率（%）	容重（g/cm³）	毛管孔隙度（%）	总孔隙率（%）	非毛管孔隙度（%）
农田	—	—	—	—	—
河岸	12.42	1.19	49.81	38.01	11.80

6.1.2 试验方法

分别于 2014 年 9—10 月和 2015 年 9—10 月间开展河岸植被带阻控试验研究。试验采取的是现场模拟人工降雨的方式，模拟现场的试验条件见表 6-3。

表 6-3 现场模拟条件

Table 6-3 Field simulation conditions

模拟降雨强度	模拟降雨历时	进水 TN 浓度	进水 TP 浓度
20~50mm	30~60min	10~30mg/L	0.8~2.0mg/L

以辽河的河水作为无污染对照，在配水箱内加入过磷酸钙、碳酸氢铵，搅拌均

匀。首先在实验前将所有条带用河水浇洒浸泡达到一定的饱和状态；其次在规划好的测点处布置径流采样瓶和土壤溶液取样器，分别采集地表径流污水和土壤渗流污水；最后将污水通过降雨模拟器（图6-3）缓慢地流放到条带内，待整个条带内地表径流稳定后，从最后一个采样点开始采集径流和渗流水样。

图6-3　降雨模拟器

Figure 6-3　Runoff simulator

在现场设定的6种不同植物模式的试验条带内，沿垂直于河流的方向布置6个采样点，见图6-4。每个采样点处分别设置径流采样瓶和土壤溶液取样器，整个实验区域共布置36只径流采样瓶和36只土壤溶液取样器。将收集到的水样振荡均匀后转移至事先准备好的样品瓶中，并对应不同的条带及采样点进行标号，放进便携式冷藏箱中，带回实验室后放进冰箱内，在实验室中对总氮、硝态氮、总磷、有效磷等指标进行测定分析。

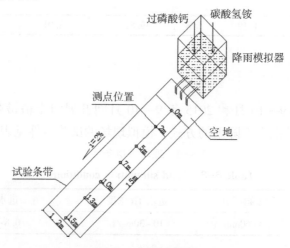

图6-4　采样点布置

Figure 6-4　Sampling point layout

6.1.3　测定方法

对氨氮、硝态氮和磷酸盐指标采用 HI83224 高精度实验室多参数测定仪（图 6-5）现场测定，其余指标在实验室内测定，48h 内完成。测定前，采取的水样需经 0.45μm 直径的无机滤膜过滤。TN 先经 HI839800 专用消解器（图 6-6）消解，再用 HI83224 高精度实验室多参数测定仪测定；对 TP 采用高压灭菌锅消解-钼锑抗比色法通过紫外分光光度计测定。

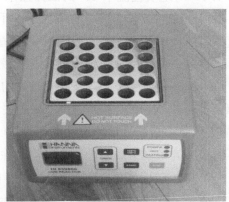

图 6-5　HI83224 测定仪

Figure 6-5 HI83224 Measuring instrument

图 6-6　HI839800 专用消解器

Figure 6-6　HI839800 special digestion device

6.1.4　数据处理

地表径流和土壤渗流溶液中各形态氮磷浓度的截留效率 R_{NP}（%）的计算公式如下：

$$R_{NP} = \left(1 - \frac{C_i}{C_0}\right) \times 100\%$$

其中：C_0——各形态氮磷的初始浓度（mg/L）；

C_i——不同宽度采样点处各形态氮磷的浓度（mg/L）；

使用 Microsoft Excel 和 OriginPro7.0 软件对结果进行分析，以平均值±标准差（Mean±SD）表示。

6.2　不同植被模式河岸缓冲带对面源氮污染的阻控效果分析

建立合理的河岸植被缓冲带是防治农业面源污染的有效措施之一。植被的种类、配置模式、河岸带宽度、坡度都将影响到缓冲带效果的有效发挥。一个成熟或完整的河岸缓冲带应由木本和草本植物构成。不同木本植物、草本植物以及草木混合带对农业氮、磷的阻控作用有多大，多宽距离的河岸缓冲带才能达到经济有效的去除效率，目前仍然没有定论。刘燕等研究发现，混合草本（高羊茅+白花三叶草）

对 TN、TP 的去除率可达到 39.35% 和 50.89%，高于单一草本的去除效果；Roxane 等人的研究表明，对大部分氮、磷素的去除作用主要发生在河岸缓冲带的前 35~90 英寸（即 10.7~27.5m）内，同时也提出，在一定的宽度范围内，河岸带越宽，去除率越高。

6.2.1　不同植被种植模式河岸缓冲带对 TN 的阻控效果

6.2.1.1　对地表径流中 TN 的阻控效果

在河岸缓冲带宽度相同的情况下，不同植被种植模式的条带对地表径流中 TN 浓度的阻控作用见表 6-4。不同植物种植模式的条带对 TN 的阻控效果有着明显的差异，且单一草本植物种植模式的阻控效果明显低于草本与木本植物混合种植模式。草木樨条带与蒿属杂草条带对 TN 的平均去除率分别为 30.46% 和 28.38%；草木樨条带与杞柳+草木樨条带对 TN 的去除率分别为 30.46% 和 58.37%。黑麦草对 TN 的去除效率最低，平均去除率仅为 10.48%，而杞柳+草木樨对 TN 的去除率在 6 种不同模式的条带中效果最好，平均去除率达 58.2%。

表 6-4　不同植被种植模式的河岸缓冲带对地表径流中 TN 的去除效果

Table 6-4　Removal effect of TN on surface runoff by riparian buffer strips of different vegetation patterns

植被模式	进水浓度（mg/L）	出水浓度（mg/L）	去除率（%）	平均去除率（%）
黑麦草	18.32	15.55~17.27	5.73~15.12	10.48
杞柳+黑麦草	18.17	15.20~16.90	6.99~16.35	12.49
蒿属杂草	20.54	13.31~16.11	21.57~35.20	28.38
杞柳+蒿属杂草	18.86	10.78~14.50	23.12~42.84	32.98
草木樨	19.73	11.25~16.09	18.45~42.98	30.46
杞柳+草木樨	19.44	6.83~9.23	51.42~64.05	58.37

6.2.1.2　对土壤渗流中 TN 的阻控效果

不同植被种植模式的条带对土壤渗流中 TN 浓度的阻控率见表 6-5。总体趋势与对地表径流中 TN 阻控作用基本一致，但是，对土壤渗流中 TN 的去除率整体高于对地表径流中 TN 的去除率。因为污水在渗透到土壤的过程中，发生了一系列的物理变化、生物变化以及生物化学的变化，如土壤的吸附、植物根部的吸收、微生物的捕食、反硝化作用等，对各形态的氮都有截留转化的作用，从而达到更高效率的阻控。在进水平均浓度相同的情况下，与径流相比，土壤渗流中草木樨条带和杞柳+草木樨条带的平均去除率分别为 40.26% 和 71.97%，同比增长了 32.17% 和 23.30%，这跟草木樨的属性也是分不开的。草木樨为豆科植物，根瘤具有强力的固氮作用，其植株矮小，紧贴地面生长，减缓了水流的速度，延长了污水下渗的时间；根系粗壮发达，增加了土壤的孔隙度，提高了污水下渗速度，增大了对氮素的截留作用。杞柳+草木樨条带的出水平均浓度最低，平均去除率高达 71.3%。其他条带依次为杞柳+蒿属杂草>草木樨>蒿属杂草>杞柳+黑麦草>黑麦草。

表 6-5　不同植被种植模式的河岸缓冲带对土壤渗流中 TN 的去除效果

Table 6-5　Removal effect of TN in surface runoff by riparian buffer strips of different vegetation patterns

植被模式	进水浓度（mg/L）	出水浓度（mg/L）	去除率（%）	平均去除率（%）
黑麦草	18.32	14.67~16.41	10.43~19.92	15.23
杞柳+黑麦草	18.17	14.54~16.24	10.62~19.98	16.13
蒿属杂草	20.54	11.81~14.61	28.87~42.50	35.69
杞柳+蒿属杂草	18.86	8.14~11.86	37.12~56.84	46.98
草木樨	19.73	9.00~14.42	26.91~54.38	40.26
杞柳+草木樨	19.44	4.34~6.74	65.33~77.67	71.97

6.2.2　不同植被种植模式河岸缓冲带对 NH_4^+-N 的阻控效果

6.2.2.1　对地表径流中 NH_4^+-N 的阻控效果

在河岸缓冲带宽度相同的情况下，不同植被种植模式的条带对地表径流中 NH_4^+-N 浓度的阻控作用见表 6-6。不同植物种植模式的条带对地表径流中 NH_4^+-N 的阻控效果有着明显的差异，草木樨条带与黑麦草条带对地表径流中 NH_4^+-N 的去除率分别为 29.4% 和 14.1%；单一草本植物种植模式的阻控效果明显低于草本与木本植物混合种植模式，草木樨条带与杞柳+草木樨条带对地表径流中 NH_4^+-N 的去除率分别为 29.4% 和 62.2%。黑麦草对 NH_4^+-N 的去除效率最低，平均去除率仅为 14.1%，而杞柳+草木樨对地表径流中 NH_4^+-N 的去除率在 6 种不同的条带中效果最好，平均去除率高达 62.2%。6 种不同植物模式的河岸缓冲带对地表径流中 NH_4^+-N 的去除能力表现为：杞柳+草木樨>杞柳+蒿属杂草>草木樨>蒿属杂草>杞柳+黑麦草>黑麦草。

表 6-6　不同植被种植模式的河岸缓冲带对地表径流中 NH_4^+-N 的去除效果

Table 6-6　Removal effect of NH_4^+-N on surface runoff by riparian buffer strips of different vegetation patterns

植被模式	进水浓度（mg/L）	出水浓度（mg/L）	去除率（%）	平均去除率（%）
黑麦草	16.41	11.30~14.20	13.47~31.14	20.98
杞柳+黑麦草	15.52	10.00~13.00	14.75~34.43	23.22
蒿属杂草	16.53	10.25~12.25	25.89~34.97	32.95
杞柳+蒿属杂草	15.46	6.00~10.00	33.70~61.19	36.6
草木樨	16.72	9.00~12.50	26.73~46.17	36.20
杞柳+草木樨	16.38	4.90~6.75	58.79~70.09	65.20%

6.2.2.2 对土壤渗流中 NH_4^+-N 的阻控效果

不同模式的缓冲带对氨氮的阻控作用有着显著的差异，见表6-7，单一草本植物种植模式的去除效果明显低于草本与木本植物混合种植模式。其中，杞柳+草木樨混合种植模式的条带对土壤渗流中氨氮的去除率高达70.49%，这跟草木樨的属性有很大的关系，草木樨属于豆科植物，根系具有固氮功能；而黑麦草根系不发达且无固氮能力，对土壤渗流中氨氮的去除率仅为32.87%。6种不同植物模式的河岸缓冲带对土壤渗流中氨氮的去除能力表现为：杞柳+草木樨>草木樨>杞柳+蒿属杂草>蒿属杂草>杞柳+黑麦草>黑麦草。

表6-7 不同植被种植模式的河岸缓冲带对土壤渗流中 NH_4^+-N 的去除效果

Table 6-7 Removal effect of NH_4^+-N in surface runoff by riparian buffer strips of different vegetation patterns

植被模式	进水浓度（mg/L）	出水浓度（mg/L）	去除率（%）	平均去除率（%）
黑麦草	16.41	9.10~14.00	14.69~44.55	32.87
杞柳+黑麦草	15.52	8.00~12.75	17.85~48.45	34.76
蒿属杂草	16.53	8.80~11.00	29.17~43.34	38.35
杞柳+蒿属杂草	15.46	7.90~10.30	33.38~48.90	42.59
草木樨	16.72	7.00~11.75	29.72~58.13	46.17
杞柳+草木樨	16.38	4.00~5.50	67.95~75.58	70.49

6.2.3 不同植被种植模式河岸缓冲带对 NO_3^--N 的阻控效果

6.2.3.1 对地表径流中 NO_3^--N 的阻控效果

在河岸缓冲带宽度相同的情况下，不同植被种植模式的条带对地表径流中 NO_3^--N 浓度的阻控作用见表6-8。不同植物种植模式的条带在同一宽度下对地表径流中硝态氮的阻控效果有着明显的差异，草木樨条带与黑麦草条带对地表径流中 NO_3^--N 的去除率分别为24.01%和12.21%；单一草本植物种植模式的阻控效果明显低于草本与木本植物混合种植模式，草木樨条带与杞柳+草木樨条带对地表径流中 NO_3^--N 的去除率分别为24.01%和45.10%。黑麦草对地表径流中 NO_3^--N 的去除效率最低，平均去除率仅为12.21%，而杞柳+草木樨对地表径流中 NO_3^--N 的去除率在6种不同的条带中效果最好，平均去除率高达45.10%。

表6-8 不同植被种植模式的河岸缓冲带对地表径流中 NO_3^--N 的去除效果

Table 6-8 Removal effect of NO_3^--N on surface runoff by riparian buffer strips of different vegetation patterns

植被种植模式	进水浓度（mg/L）	出水浓度（mg/L）	去除率（%）	平均去除率（%）
黑麦草	3.93	3.19~3.84	2.29~18.83	12.21
杞柳+黑麦草	3.88	3.05~3.56	8.25~21.39	15.46
蒿属杂草	3.97	2.93~3.44	13.35~26.20	20.91
杞柳+蒿属杂草	3.83	2.44~3.09	19.32~36.29	29.50
草木樨	3.79	2.65~3.24	14.51~30.08	24.01
杞柳+草木樨	3.88	1.89~2.47	36.34~51.29	45.10

6.2.3.2 对土壤渗流中 NO_3^--N 的阻控效果

在河岸缓冲带宽度相同的情况下，不同植被种植模式的条带对土壤渗流中 NO_3^--N 浓度的阻控作用见表6-9。不同模式的缓冲带对土壤渗流中 NO_3^--N 的阻控作用有着显著的差异，单一草本植物种植模式的去除效果明显低于草本与木本植物混合种植模式。其中，杞柳+草木樨混合种植模式的条带对土壤渗流中 NO_3^--N 的去除率达51.55%，这跟草木樨的属性有很大的关系，草木樨属于豆科植物，根系具有固氮功能；而黑麦草根系不发达且无固氮能力，对土壤渗流中 NO_3^--N 的去除率仅为19.85%。6种不同植物模式的河岸缓冲带对土壤渗流中 NO_3^--N 的去除能力表现为：杞柳+草木樨>杞柳+蒿属杂草>草木樨>蒿属杂草>杞柳+黑麦草>黑麦草。

表6-9　不同植被种植模式的河岸缓冲带对土壤渗流中 NO_3^--N 的去除效果

Table 6-9　Removal effect of NO_3^--N in soil infiltration by riparian buffer strips with different vegetation patterns

植被种植模式	进水浓度（mg/L）	出水浓度（mg/L）	去除率（%）	平均去除率（%）
黑麦草	3.93	2.91~3.45	12.21~25.95	19.85
杞柳+黑麦草	3.88	2.85~3.39	12.63~26.55	20.36
蒿属杂草	3.97	2.71~3.34	15.87~31.74	24.18
杞柳+蒿属杂草	3.83	2.31~2.94	23.24~39.69	31.85
草木樨	3.79	2.44~3.06	20.10~36.29	28.98
杞柳+草木樨	3.88	1.56~2.18	43.81~59.79	51.55

6.3　不同植被模式河岸缓冲带对面源磷污染的阻控效果分析

6.3.1　不同植被种植模式河岸缓冲带对 TP 的阻控效果

6.3.1.1　对地表径流中 TP 的阻控效果

在河岸缓冲带宽度相同的情况下，不同植被种植模式的条带对地表径流中 TP 浓度的阻控效果如表6-10所示。根据表6-10分析得出：不同的植物种植条带对地表径流中 TP 浓度的阻控效果差距较大，草木樨条带与蒿属杂草条带对地表径流中 TP 的平均去除率分别为22.59%和16.13%；单一草本植物种植模式的去除效果明显低于草本与木本植物混合种植模式，草木樨条带与杞柳+草木樨条带对地表径流中 TP 的平均去除率分别为22.59%和35.43%。其中杞柳+草木樨条带的出水平均浓度最低，为1mg/L，平均去除率最高，而黑麦草的平均去除率最低，仅为7.88%。其他条带依次为杞柳+蒿属杂草>草木樨>蒿属杂草>杞柳+黑麦草。

表6-10　不同植被种植模式的河岸缓冲带对地表径流中 TP 的去除效果

Table 6-10　Removal effect of TP on surface runoff by riparian buffer strips of different vegetation patterns

植被种植模式	进水浓度（mg/L）	出水浓度（mg/L）	去除率（%）	平均去除率（%）
黑麦草	2.01	1.75~1.95	2.99~12.94	7.88
杞柳+黑麦草	1.93	1.62~1.82	5.70~16.06	9.93
蒿属杂草	1.85	1.33~1.65	10.81~28.11	16.13
杞柳+蒿属杂草	1.81	1.2~1.45	19.89~33.70	25.23
草木樨	1.83	1.2~1.65	9.84~34.43	22.59
杞柳+草木樨	1.91	1~1.25	21.47~47.64	35.43

6.3.1.2　对土壤渗流中 TP 的阻控效果

在河岸缓冲带宽度相同的情况下，不同植被种植模式的条带对土壤渗流中 TP 浓度的阻控作用见表6-11，总体趋势与对地表径流中 TP 的阻控作用基本一致，但是，对土壤渗流中 TP 的去除率整体高于对地表径流中 TP 的去除率。在进水平均浓度相同的情况下，草木樨条带与黑麦草条带对土壤渗流中 TP 的平均去除率分别为 26.68% 和 11.36%，而杞柳+草木樨条带的平均去除率为 41.97%，与对径流中 TP 的去除率相比，分别增长了 18.11%、76.01% 和 18.46% 左右。主要原因是土壤对 TP 有一定的吸附作用，在污水渗入到土壤的过程中，发生了一系列的物理、生物作用，达到了对 TP 的转化和截留的作用，其次，草木樨根系的生长与扩展需要大量的磷素。杞柳+草木樨条带的出水平均浓度最低，为 1.1mg/L，平均去除率达 41.97%。其他条带依次为杞柳+蒿属杂草>草木樨>蒿属杂草>杞柳+黑麦草>黑麦草。

表6-11　不同植被种植模式的河岸缓冲带对土壤渗流中 TP 的去除效果

Table 6-11　Removal effect of TP in surface runoff by riparian buffer strips of different vegetation patterns

植被种植模式	进水浓度（mg/L）	出水浓度（mg/L）	去除率（%）	平均去除率（%）
黑麦草	2.01	1.60~1.89	5.79~20.40	11.36
杞柳+黑麦草	1.93	1.4~1.8	6.74~24.87	18.39
蒿属杂草	1.85	1.15~1.6	13.51~37.84	26.58
杞柳+蒿属杂草	1.81	1.2~1.3	28.18~33.70	31.40
草木樨	1.83	1.2~1.5	18.03~34.43	26.68
杞柳+草木樨	1.91	0.9~1.3	31.94~52.88	41.97

6.3.2　不同植被种植模式河岸缓冲带对 PO_4^{3-} 的阻控效果

6.3.2.1　对地表径流中 PO_4^{3-} 的阻控效果

在河岸缓冲带宽度相同的情况下，不同植被种植模式的条带对地表径流中 PO_4^{3-} 浓度的阻控作用见表6-12。杞柳+草木樨条带对地表径流中 PO_4^{3-} 的平均去除率达到

40.84%；与杞柳+草木樨条带相比，杞柳+黑麦草条带的去除率相对较低，其平均去除率为8.55%。6种不同植物模式的河岸缓冲带对地表径流中 PO_4^{3-} 去除能力的大小依次为：杞柳+草木樨>杞柳+蒿属杂草>草木樨>蒿属杂草>杞柳+黑麦草>黑麦草。

表6-12　不同植被种植模式的河岸缓冲带对地表径流中 PO_4^{3-} 的去除效果

Table 6-12　Removal effect of PO4-3 on surface runoff by riparian buffer strips of different vegetation patterns

植被种植模式	进水浓度（mg/L）	出水浓度（mg/L）	去除率（%）	平均去除率（%）
黑麦草	1.15	0.96~1.12	2.61~14.78	8.55
杞柳+黑麦草	1.10	0.88~1.08	6.09~23.48	14.06
蒿属杂草	1.07	0.75~1	6.54~29.91	18.69
杞柳+蒿属杂草	1.10	0.7~0.9	18.18~36.36	25.76
草木樨	1.05	0.65~0.95	9.52~38.10	23.65
杞柳+草木樨	1.11	0.5~0.84	24.32~54.95	40.84

6.3.2.2　对土壤渗流中 PO_4^{3-} 的阻控效果

不同植被种植模式的条带对土壤渗流中 PO_4^{3-} 浓度的阻控作用见表6-13。草木樨条带相比黑麦草和蒿属杂草条带的去除率要高，其平均去除率为27.62%，而后两者的平均去除率分别为24.61%和14.06%，这跟草木樨的属性有很大的关系，因为草木樨根系的生长与扩展需要大量的磷素。杞柳+草木樨条带阻控有效磷的效果最好，平均去除率为48.95%，在15m处，浓度降低至0.48mg/L，去除率高达56.76%。6种不同植物模式的河岸缓冲带对土壤渗流中 PO_4^{3-} 的去除能力表现为：杞柳+草木樨>杞柳+蒿属杂草>草木樨>蒿属杂草>杞柳+黑麦草>黑麦草。

表6-13　不同植被种植模式的河岸缓冲带对土壤渗流中 PO_4^{3-} 的去除效果

Table 6-13　Removal effect of PO_4^{3-} in surface runoff by riparian buffer strips of different vegetation patterns

植被种植模式	进水浓度（mg/L）	出水浓度（mg/L）	去除率（%）	平均去除率（%）
黑麦草	1.15	0.95~1.03	10.43~15.65	14.06
杞柳+黑麦草	1.10	0.72~1.00	11.30~37.39	21.88
蒿属杂草	1.07	0.65~0.93	13.08~39.25	24.61
杞柳+蒿属杂草	1.10	0.60~0.84	23.64~45.45	32.88
草木樨	1.05	0.57~0.91	13.33~45.71	27.62
杞柳+草木樨	1.11	0.48~0.66	40.54~56.76	48.95

6.4　不同宽度植被缓冲带对面源氮污染的阻控效果分析

6.4.1　不同宽度河岸缓冲带对 TN 的阻控效果

6.4.1.1　对地表径流中 TN 的阻控效果

不同宽度的河岸植被缓冲带对地表径流中 TN 浓度的阻控作用如图6-7所示。

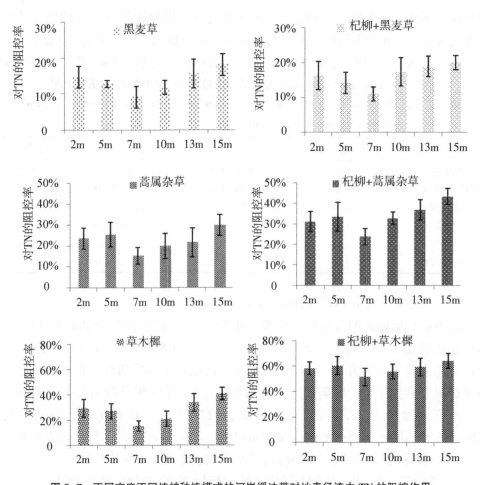

图 6-7　不同宽度不同植被种植模式的河岸缓冲带对地表径流中 TN 的阻控作用

Figure 6-7　Effect of different width on the resistance and control of TN in surface runoff

　　6 种不同的植物种植条带模式伴随河岸缓冲带的宽度的增加，对地表径流中的 TN 的去除率除杞柳+黑麦草条带比较平缓外，其余条带都有所波动，但并未表现出统一的上升趋势。相反，在河岸缓冲带宽度达到 7m 时，对地表径流中 TN 的阻控效率达到最低；宽度达到 10m 时，阻控效率又开始上升，在 15m 处阻控率达到最高。本试验研究结果与 Jon E. Schoonover 等的研究结果相似，即地表径流中各形态氮、磷的残留浓度是一个降低→升高→降低的过程。Jon 研究发现，来自农田的降雨径流，在流经芦荻河岸缓冲带和森林河岸缓冲带时，从流经缓冲带的 0m 处分别到 3.3m 和 6.6m 处，各形态的氮、磷的残留浓度是逐渐升高的，而随着流经区域宽度的逐渐增加，其残留浓度又开始降低（Schoonover, et al., 2005）。这也说明要保证一定的植被缓冲带效益，必须使河岸缓冲带达到一定的宽度。根据图 6-7 分析，6 种不同的植物种植模式的条带对地表径流中 TN 的阻控率大小排序依次为：杞柳+草木樨>杞柳+蒿属杂草>草木樨>蒿属杂草>杞柳+黑麦草>黑麦草。

6.4.1.2 对土壤渗流中 TN 的阻控效果

不同宽度的河岸缓冲条带对土壤渗流中 TN 浓度的阻控作用如图 6-8 所示。伴随河岸缓冲带宽度的增加，各缓冲带对土壤渗流中的 TN 的阻控率表现为先降低后升高的趋势，整体的阻控效果要好于其对地表径流中 TN 的阻控效果。与黑麦草相比，蒿属杂草根系错综复杂，分支较多，使土壤松散，孔隙率高，在污水下渗的过程中，土壤对渗流中的氮素有强烈的吸收净化作用。氮素被土壤颗粒以及土壤胶体所吸附，从游离态的氮转变为不易移动的结合态的氮，稳固在土壤中，所以蒿属杂草的阻控率要高于黑麦草。而草木樨根系也比较发达且有一定的固氮作用，其植株矮小，紧贴地面生长，增加了地面的粗糙度，减缓了水流速度，使渗流的时间延长，增强了土壤的吸附作用，相比蒿属杂草，虽属于弱势群体，但其对氮素的阻控率却高于蒿属杂草。蒿属杂草的河岸带覆盖率高达 90% 以上，而且本次试验基地属于人造岸边带，土壤的肥力较差，受人为的影响也比较大，导致氮素的迁移能力也受到了一定的限制。根据图 6-8 分析，6 种不同的植物种植模式的条带对土壤渗流中 TN 的阻控率大小排序依次为：杞柳+草木樨>杞柳+蒿属杂草>草木樨>蒿属杂草>杞柳+黑麦草>黑麦草。

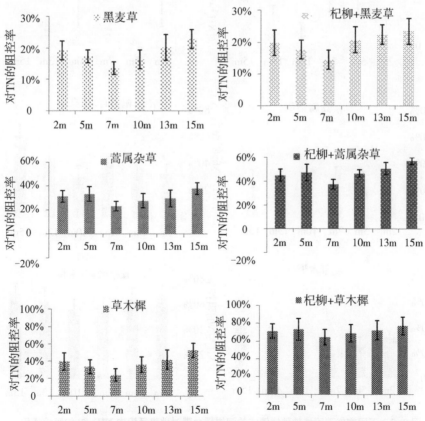

图 6-8 不同宽度不同植被种植模式的河岸缓冲带对土壤渗流中 TN 的阻控作用

Figure 6-8 **Effect of different widths on the resistance and control of TN in soil**

6.4.2 不同宽度河岸缓冲带对 NH_4^+-N 的阻控效果

6.4.2.1 对地表径流中 NH_4^+-N 的阻控效果

不同宽度的河岸缓冲带对地表径流中 NH_4^+-N 浓度的阻控作用如图 6-9 所示。6 种不同的植物种植条带模式伴随河岸缓冲带宽度的增加，对地表径流中 NH_4^+-N 浓度的阻控作用并未表现出统一的下滑趋势。相反，草木樨条带在河岸缓冲带宽度达到 7m 时，对地表径流中 NH_4^+-N 的阻控率有所降低，宽度增加至 10m 以后，阻控率又开始逐渐升高；而蒿属杂草条带和黑麦草条带在缓冲带宽度达到 10m 时阻控率突然降低，随后保持持续上升的趋势。草木樨条带在缓冲带 2m 宽处，阻控率为 31.79%，当宽度达到 7m 测点位置处时，阻控率降低至 18.87%，而后随着宽度的逐渐增加，直至 15m 测点处，阻控率达最大，为 40.4%。这表明，适当地增加河岸缓冲带的宽度是有必要的，合理的宽度，既经济又能达到高效的去除效果。

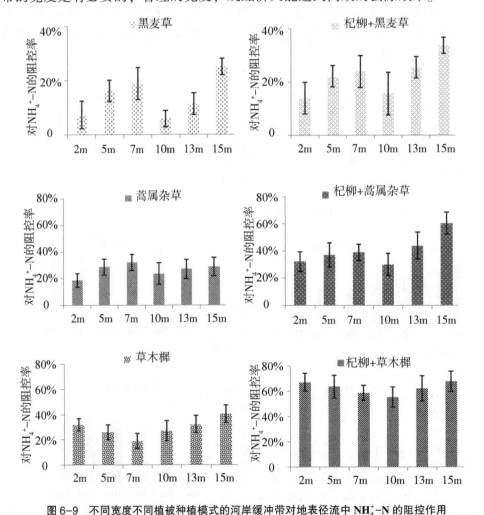

图 6-9　不同宽度不同植被种植模式的河岸缓冲带对地表径流中 NH_4^+-N 的阻控作用

Figure 6-9　Effect of different width on the resistance and control of NH_4^+-N in surface runoff

6.4.2.2 对土壤渗流中 NH$_4^+$-N 的阻控效果

不同宽度的河岸缓冲带对土壤渗流中 NH$_4^+$-N 浓度的阻控作用如图 6-10 所示。

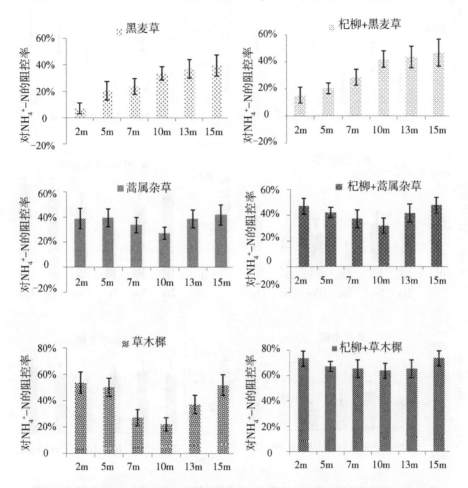

图 6-10 不同宽度不同植被种植模式的河岸缓冲带对土壤渗流中 NH$_4^+$-N 的阻控作用

Figure 6-10 Effect of different widths on the resistance and control of NH$_4^+$-N in soil

伴随河岸缓冲带宽度的增加，除黑麦草条带的阻控效率表现出一致上升的趋势外，其余条带对土壤渗流中的 NH$_4^+$-N 的阻控效率表现为先下降后上升的形式，在 10m 宽处降至最低，随后开始逐渐升高，但整体的阻控效果要好于其对地表径流中 NH$_4^+$-N 的阻控效果。根据图 6-10 分析，6 种不同的植物种植模式的条带对土壤渗流中 NH$_4^+$-N 的阻控率大小排序依次为：杞柳+草木樨>杞柳+蒿属杂草>草木樨>蒿属杂草>杞柳+黑麦草>黑麦草。

6.4.3 不同宽度河岸缓冲带对 NO$_3^-$-N 的阻控效果

6.4.3.1 对地表径流中 NO$_3^-$-N 的阻控效果

不同宽度的河岸带对地表径流中 NO$_3^-$-N 浓度的阻控作用如图 6-11 所示。

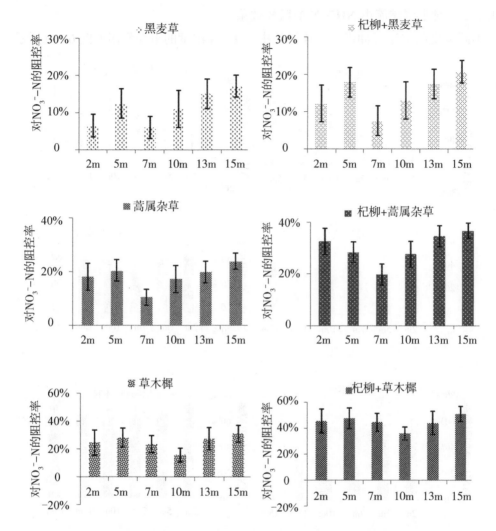

图6-11　不同宽度不同植被种植模式的河岸缓冲带对地表径流中 NO_3^--N 的阻控作用

Figure 6-11　Effect of different width on the resistance and control of NO_3^--N in surface runoff

　　6种不同的植物种植条带模式伴随河岸缓冲带宽度的增加，对地表径流中 NO_3^--N 浓度的阻控作用并未表现出统一的下滑趋势，而是表现出先升高后降低再升高的形式。草木樨条带在河岸缓冲带宽度达到10m时，对地表径流中 NO_3^--N 的阻控率降至最低，宽度增加至13m以后，阻控率又开始逐渐升高；而蒿属杂草条带和黑麦草条带在缓冲带宽度达到7m时阻控率突然降低，随后保持持续上升的趋势。杞柳+蒿属杂草条带在 2m 宽处，阻控率为 32.5%，当宽度达到 7m 时，阻控率降低至 19.7%，而后随着宽度的逐渐增加，直至15m宽时，阻控率达到36.6%。根据图6-11分析，6种不同植物种植模式的条带对地表径流中 NO_3^--N 的阻控率大小排序依次为：杞柳+草木樨>杞柳+蒿属杂草>草木樨>蒿属杂草>杞柳+黑麦草>黑麦草。

6.4.3.2　对土壤渗流中 NO_3^--N 的阻控效果

　　不同宽度的河岸缓冲带对土壤渗流中 NO_3^--N 浓度的阻控作用如图6-12所示。

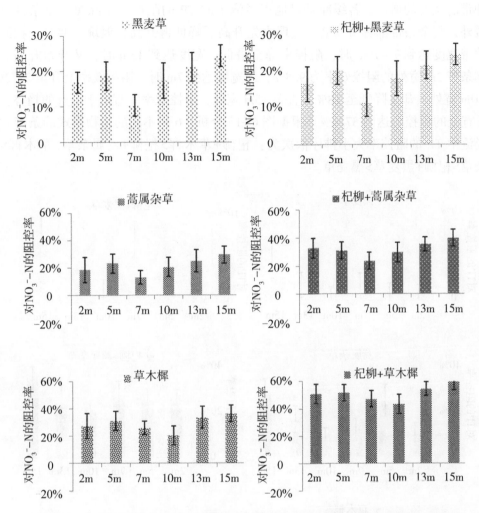

图 6-12 不同宽度不同植被种植模式的河岸缓冲带对土壤渗流中 NO_3^--N 的阻控作用

Figure 6-12 **Effect of different widths on the resistance and control of NO_3^--N in soil**

　　伴随河岸缓冲带宽度的增加，各缓冲带对土壤渗流中的 NO_3^--N 的阻控率表现为先降低后升高的趋势，整体的阻控效果要好于其对地表径流中 NO_3^--N 的阻控效果。根据图 6-12 分析，6 种不同植物种植模式的条带对土壤渗流中 NO_3^--N 的阻控率大小排序依次为：杞柳+草木樨>杞柳+蒿属杂草>草木樨>蒿属杂草>杞柳+黑麦草>黑麦草。

6.5 不同宽度植被缓冲带对面源磷污染的阻控效果分析

6.5.1 不同宽度河岸缓冲带对 TP 的阻控效果

6.5.1.1 对地表径流中 TP 的阻控效果

　　不同宽度的河岸带对地表径流中 TP 浓度的阻控作用如图 6-13 所示。伴随河岸缓冲带的宽度的增加，各缓冲带对地表径流中的 TP 的阻控效率除黑麦草条带比较平缓外，其余条带都有所波动，表现为先升高后降低再升高，但统一的是：在河岸缓冲带宽度达到 7~10m 时，阻控率降至最低；宽度达到 13m 时，又开始升高。草木樨条带 2m 宽处的阻控效率为 9.8%，当宽度达到 7m 时，阻控效率上升至 26.2%，到 10m 宽处，却又降低至 18%，直至 15m 宽处，阻控效率一直处于上升的趋势，在 15m 宽处的阻控率达到 37.4%。根据图 6-13 分析，6 种不同的植物模式的条带对地表径流中 TP 的阻控率大小排序依次为：杞柳+草木樨>杞柳+蒿属杂草>草木樨>蒿属杂草>杞柳+黑麦草>黑麦草。

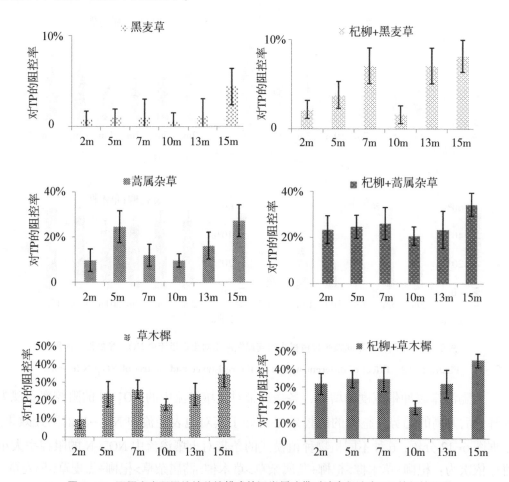

图 6-13   不同宽度不同植被种植模式的河岸缓冲带对地表径流中 TP 的阻控作用

Figure 6-13   **Effect of different width on the resistance and control of TP in surface runoff**

6.5.1.2   对土壤渗流中 TP 的阻控效果

不同宽度的河岸带对土壤渗流中 TP 浓度的阻控作用如图 6-14 所示，伴随河岸缓冲带宽度的增加，各缓冲带对土壤渗流中的 TP 的阻控率表现为先升高再降低然后再升高的趋势，总体与对径流中 TP 的阻控趋势一致，在 7~10m 的宽度范围内，达到阻控效率的最低点，随后开始逐渐上升。草木樨条带整体的平均阻控效率要高于蒿属杂草条带，是因为草木樨根部的生长与扩展需要大量的磷素。在 15m 测点取样处，草木樨与蒿属杂草条带的阻控率分别为 34.4% 和 29%。根据图 6-14 分析，6种不同植物种植模式的河岸缓冲带对有效磷的阻控率大小排序依次为：杞柳+草木樨>杞柳+蒿属杂草>草木樨>蒿属杂草>杞柳+黑麦草>黑麦草。

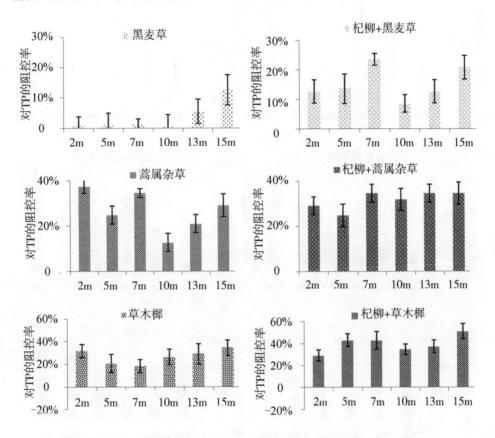

图 6-14　不同宽度不同植被种植模式的河岸缓冲带对土壤渗流中 TP 的阻控作用

Figure 6-14　Effect of different widths on the resistance and control of TP in soil

6.5.2　不同宽度河岸缓冲带对 PO_4^{3-} 的阻控效果

6.5.2.1　对地表径流中 PO_4^{3-} 的阻控效果

不同宽度的河岸带对地表径流中 PO_4^{3-} 浓度的阻控作用如图 6-15 所示，伴随河岸缓冲带宽度的增加，各缓冲带对地表径流中的 PO_4^{3-} 的阻控效率表现为先升高后降低再升高或者先降低后再升高的两种趋势，但统一的是：在河岸缓冲带宽度达到 7~10m 时，阻控率降至最低；宽度达到 13m 时，又开始升高。草木樨条带 2m 宽处的阻控效率为 31.4%，当宽度达到 7m 处时，阻控效率降低至 9.5%，在 10m 宽处，阻控效率开始处于上升的趋势，直至 15m 宽处时阻控率高达 38.1%。根据图 6-15 分析，6 种不同的植物种植模式的条带对地表径流中 PO_4^{3-} 的阻控率大小排序依次为：杞柳+草木樨>杞柳+蒿属杂草>草木樨>蒿属杂草>杞柳+黑麦草>黑麦草。

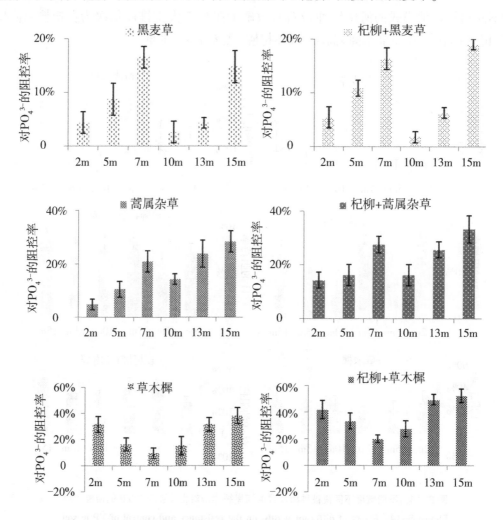

图 6-15　不同宽度不同植被种植模式的河岸缓冲带对地表径流中 PO_4^{3-} 的阻控作用

Figure 6-15　Effect of different width on the resistance and control of PO_4^{3-} in surface runoff

6.5.2.2　对土壤渗流中 PO_4^{3-} 的阻控效果

在同一植被种植模式下，不同宽度的河岸带对土壤渗流中 PO_4^{3-} 浓度的阻控作用如图 6-16 所示，伴随河岸缓冲的宽度的增加，各缓冲带对土壤渗流中的 PO_4^{3-} 的阻控率表现为先升高再降低然后再升高的趋势，总体与对径流中 PO_4^{3-} 的阻控趋势一致，在 7~10m 的宽度范围内，达到阻控效率的最低点，随后开始逐渐上升。根据图 6-16 分析得出，6 种不同植物种植模式的河岸缓冲带对有效磷的阻控率大小排序依次为：杞柳+草木樨>杞柳+蒿属杂草>草木樨>蒿属杂草>杞柳+黑麦草>黑麦草。

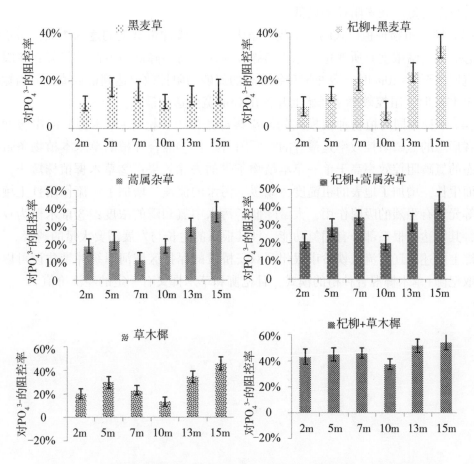

图 6-16 不同宽度不同植被种植模式的河岸缓冲带对土壤渗流中 PO_4^{3-} 的阻控作用

Figure 6-16 Effect of different widths on the resistance and control of PO_4^{3-} in soil

6.6 结论

（1）不同植物种植模式的河岸缓冲带对各形态的氮磷浓度的阻控作用不尽相同。其中以杞柳+草木樨混合植物种植模式的河岸缓冲带阻控效果为最好，其对 TN、NO_3^--N、NH_4^+-N、TP、PO_4^{3-} 的平均去除率分别为 64.75%、47.9%、53.2%、36%、41.4%，杞柳+蒿属杂草缓冲带次之，黑麦草缓冲带最低。6 种不同植物种植模式的河岸缓冲带对各形态的氮磷浓度的阻控率大小排序依次为：杞柳+草木樨>杞柳+蒿属杂草>草木樨>蒿属杂草>杞柳+黑麦草>黑麦草。

（2）不同植物种植模式的河岸缓冲带对土壤渗流中各形态的氮磷浓度的去除率明显高于对地表径流，其中，杞柳+草木樨缓冲条带对 TN、NO_3^--N、NH_4^+-N、TP、PO_4^{3-} 的径流和渗流的平均去除率分别为 58.2%、44.6%、40%、32%、37% 和 71.3%、51.2%、66.4%、40%、45.8%；而高温期间，黑麦草处于休眠状态，致使其对各形态的氮磷元素阻控率最低。

（3）同一植物种植模式的河岸缓冲条带，随着缓冲带宽度的逐渐增加，污水中各形态的氮、磷浓度有所变化，总体趋势表现为升高→降低→升高的趋势，在缓冲带的宽度增至7~10m时，缓冲带对各形态的氮磷的阻控效率达到最低值，但当宽度延伸至13m时，阻控效率又开始上升，在15m宽处达到最大。

（4）6种不同的植物种植模式的河岸缓冲条带中，杞柳+草木樨的河岸缓冲条带对各形态的氮磷阻控效率是最好的，原因有三：①混合种植的草木本植物条带对各形态的氮磷阻控效率高于单一草本植物条带的去除效果；②草木樨植株矮小，紧贴地面生长，增加了地表的粗糙度，减缓了污水的流速，增加了渗流作用且土壤对氮磷等元素有强烈的吸附作用，大量降低了污水中氮和磷的浓度；③草木樨为豆科植物，其发达的根系部分有固氮功能，且其根系的生长与发展需要大量的磷素。

综上所述，辽河流域铁岭市银州区双安桥段的保护区域河岸缓冲带建设可以优先选取杞柳+草木樨混合种植的模式，且杞柳和草木樨又有一定的经济价值。

7 不同类型河岸缓冲带土壤酶活性变化与氮磷去除效果研究

近年来，国内外学者对河岸缓冲带截留氮磷等面源污染物的研究较多，对其截留转化机理也有相关报道，但主要集中在对河岸带植被吸收（Lowrance，1992）、土壤微生物固定（Addy，1999）等方面的研究，同时对河岸带不同宽度、坡度等因素对阻控面源污染物效果的影响做了相关的研究（Haycock and Pinay，1993；Kyle，2007），而对面源污染物氮磷在缓冲带内的截留转化机制研究不够深入，特别是对河岸缓冲带内氮磷的转化具有重要作用的土壤酶活性的研究较少。国内学者崔波（2012）对我国太湖流域河岸带不同植被下土壤酶分布及其与氮磷去除效果的相关性进行了研究，发现土壤酶活性与氮磷的去除效果有明显的相关性，吴振斌（2001）等对人工湿地植物根区土壤酶活性进行了研究，也发现了同样的规律。目前，对我国北方冷季型河岸缓冲带土壤酶活性及其与氮磷去除效果的研究尚不多见。因此，本项目主要通过研究不同类型的河岸缓冲带土壤酶活性变化，及其与各形态氮磷去除效果的关系，从而进一步了解河岸缓冲带对氮磷的阻控作用机理，为评价河岸缓冲带对农业面源污染阻控能力提供科学依据。

7.1 材料和方法

7.1.1 样品采集与处理

分别在 2013 年 4 月 20 日，5 月 10 日，6 月 10 日，6 月 30 日，7 月 14 日和 8 月 03 日对不同类型的河岸缓冲带土壤进行采样，除 4 月 20 和 5 月 10 日外，其余日期均与土壤溶液采样抽负压时间同步。对于 9m 宽的河岸缓冲带，在各采样时期内均可收集到径流样品，因此，土壤酶活性采样点位布设在缓冲带的前 9m 段。在此范围内随机抽取 3 个采样点，每个采样点规格设置为 1m²。在每个采样点内采用梅花布点方法采集表层土壤（0~20cm）和深层土壤（20~45cm），利用直径 10cm 土钻进行采集，每个采样点钻取 6 个洞，将土壤样品进行混匀作为 1 个土样。现场去除动植物残体等物质，避免干扰，将样品置于聚乙烯袋中，立即带回实验室。将土样阴干，研磨，过 2mm 孔径筛，在 4℃冰箱内保存，用于土壤酶活性的分析。

7.1.2 测定方法

土壤酶活性测定：脲酶活性用靛酚蓝比色法测定，在 37℃时，以 24h 后每 100g

土壤中 NH_3^--N 的质量（mg）表示脲酶活性（Ure）；磷酸酶用磷酸苯二钠比色法测定，磷酸酶活性以37℃时，24h 后的每100g 土壤的酚毫克数表示，或用 P_2O_5 的毫克数表示。以上两种酶活性测定参考关松荫方法（关松荫，1986）。

7.1.3 数据分析

先对土壤酶活性数据作单因子方差分析（One-way ANOVA），再与对氮磷的截留效率数据作相关分析（Perason 2-tailed test），然后作聚类分析（Clusteranalysis）。数据采用 SPSS 19.0 软件进行统计分析，采用 EXCEL-2003 进行图表的制作。

7.2 不同类型河岸缓冲带土壤脲酶活性变化

由图7-1可知，从4—8月份，杂草带和林草带中0~20cm表层土壤脲酶的活性呈现先升高后降低的趋势；草木樨带表层土壤脲酶活性随时间变化有一定的波动性。6次采样时间中，杂草带脲酶活性在6月10日达到最大值，此时，3种类型缓冲带之间脲酶活性差异显著（$P<0.5$）；而草木樨和林草带脲酶活性在7月14日达到最大值，两者之间差异不显著。

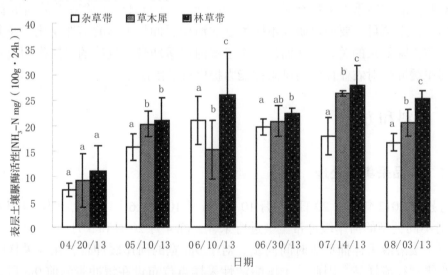

图7-1 不同类型的河岸缓冲带表层土壤脲酶活性随时间变化情况

Figure 7-1 Different RVFS on the urease activity of surface soil variation with time

由图7-2可知，从4—8月份，杂草带和林草带中20~45cm深层土壤脲酶活性呈逐渐升高的趋势。草木樨带和林草带中土壤脲酶活性均显著高于杂草带（4月20日除外）。杂草带深层土壤脲酶活性变化较小，而草木樨带和林草带脲酶活性随时间变化较明显，尤其在7月和8月两次采样期，脲酶活性较大。在整个采样周期中，草木樨带和林草带中土壤深层脲酶活性无显著性差异。从整体数据来看，各类型的河岸缓冲带中，深层土壤脲酶活性均低于表层土壤。

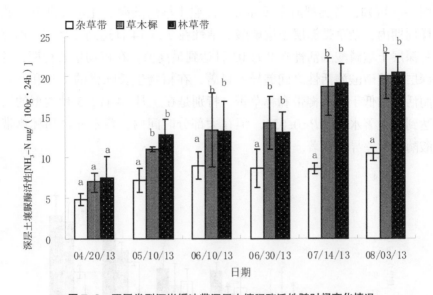

图 7-2 不同类型河岸缓冲带深层土壤脲酶活性随时间变化情况

Figure 7-2 Different RVFS on the urease activity of deep soil variation with time

7.3 不同类型河岸缓冲带土壤磷酸酶活性变化

由图 7-3 可知，从 4—8 月份，各类型河岸缓冲带中 0~20cm 表层土壤磷酸酶的活性呈现先升高后降低的趋势。在大部分时间内，杂草带表层土壤磷酸酶的活性均低于草木樨带和林草带，但在 6 月 10 日和 7 月 14 日，杂草带与草木樨带和林草带无显著性差异。除在 6 月 30 日 3 种类型的河岸缓冲带土壤磷酸酶活性之间存在显著性差异外，草木樨带和林草带两者间差异并不显著。

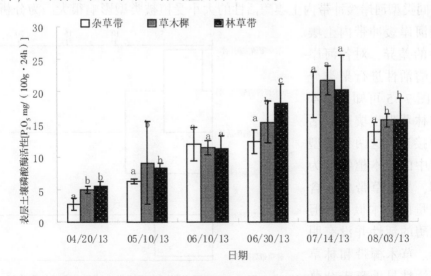

图 7-3 不同类型河岸缓冲带表层土壤磷酸酶活性随时间变化情况

Figure 7-3 Different RVFS on the phosphatase activity of surface soil variation with time

由图 7-4 可知, 各类型河岸缓冲带中深层土壤磷酸酶变化呈逐渐升高趋势。在整个采样周期内, 杂草带深层土壤磷酸酶活性在 7 月 14 日达到最高值, 而草木樨带和林草带深层土壤磷酸酶活性在 8 月 03 日达到最高值。在植物生长初期, 各类型缓冲带中深层土壤磷酸酶活性之间差异不显著, 在植物生长旺盛的 7 月和 8 月, 杂草带磷酸酶活性均低于草木樨带和林草带。特别是在 7 月 14 日, 3 种类型的河岸缓冲带之间达到了显著水平 ($P<0.05$)。但在大部分时间内, 草木樨带和林草带中深层土壤磷酸酶活性差异不显著。

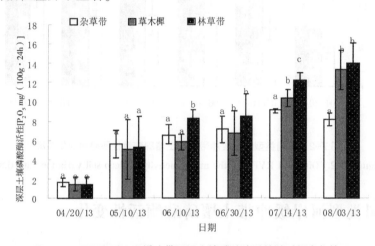

图 7-4　不同类型河岸缓冲带深层土壤磷酸酶活性随时间变化情况

Figure 7-4　Different RVFS on the phosphatase activity of deep soil variation with time

7.4　河岸缓冲带土壤酶活性的聚类分析

不同类型河岸缓冲带内土壤酶活性的大小受植被类型影响很大。为分析不同植被类型河岸缓冲带内土壤酶活性的差异, 对各河岸带土壤酶活性进行聚类分析。由图 7-5 可知, 草木樨带和林草带土壤脲酶活性最为接近, 这两种类型缓冲带中的草本植物均为草木樨, 虽林草带中包含一定数量的乔木枫杨, 但土壤脲酶的活性并没有明显差异。草木樨带和林草带脲酶活性显著高于杂草带, 这发挥了豆科植物本

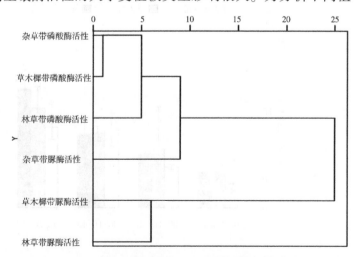

图 7-5　不同类型河岸缓冲带土壤磷酸酶活性聚类图

Figure 7-5　The clustering scheme of soil enzyme activity in different RVFS

身固有的能力，即豆科植物根瘤菌有较强的固氮能力，其根际环境氮素含量较高，这使得微生物的代谢活动强度明显大于非豆科植物（Han，et，al.，2007）。

7.5 河岸缓冲带土壤酶活性与氮磷截留效率关系

由表7-1可以看出，草木樨带和林草带的土壤脲酶活性与对 NH_4^+-N、NO_3^--N 和 TN 的去除率均不存在显著相关性（$P>0.05$），而杂草带表层土壤脲酶活性与对 NH_4^+-N 和 TN 的去除率存在显著相关性（$P<0.05$），其深层土壤脲酶活性和对各形态氮的去除率均不存在显著相关性。

表7-1 河岸缓冲带土壤脲酶活性与对降雨径流氮素平均质量的截留效率的相关分析

Table 7-1 Correlations between soil urease activity and the retention efficiency of nitrogen

植被土壤	杂草带脲酶活性		草木樨带脲酶活性		林草带脲酶活性	
	0~20cm	20~45cm	0~20cm	20~45cm	0~20cm	20~45cm
NH_4^+-N	0.717 *	0.342	0.305	0.221	0.092	0.142
NO_3^--N	0.638	0.235	0.437	0.324	0.172	0.147
TN	0.763 *	0.445	0.239	0.402	0.140	0.208

注：＊相关性达到显著水平（$P<0.05$）。

由表7-2可以看出，各类型河岸缓冲带表层土壤磷酸酶活性与对磷素的去除率有一定的相关性，除杂草表层磷酸酶活性和对 TP 的去除率，以及林草带磷酸酶活性与对 DP 的去除率差异不显著外，其余各类型河岸缓冲带表层土壤磷酸酶活性均与对 TP 和 DP 的去除率存在显著相关关系（$P<0.05$）。各类型河岸缓冲带深层土壤磷酸酶活性与对 TP 和 DP 的去除率均不存在显著相关性（$P>0.05$）。

表7-2 河岸缓冲带土壤磷酸酶活性与对降雨径流磷素平均质量的截留效率的相关分析

Table 7-2 Correlations between soil urease activity and the retention efficiency of phosphorus

植被土壤	杂草带磷酸酶活性		草木樨带磷酸酶活性		林草带磷酸酶活性	
	0~20cm	20~45cm	0~20cm	20~45cm	0~20cm	20~45cm
TP	0.148	0.251	0.706 *	0.278	0.680 *	0.541
DP	0.689 *	0.288	0.821 *	0.059	0.453	0.553

注：＊相关性达到显著水平（$P<0.05$）。

研究发现，各类型河岸缓冲带中，在植物的非生长季节，由于植被类型的不同，其土壤酶活性存在一定差异。随着时间的变化，河岸缓冲带内土壤酶活性发生明显的变化，尤其在植物生长较为旺盛的6—8月，土壤脲酶和磷酸酶活性显著提高。河岸缓冲带内，表层土壤酶活性均高于深层土壤，这与 Kong（2009）和崔波等（2012）的研究结果相一致，即土壤酶的活性随深度的增加而降低。土壤酶活性受多种因素的影响，是由动物、植物、微生物共同生命活动所决定的（岳春雷等，

2004)。因此，在不同的土壤类型及植被条件下，土壤酶活性有着不同的表现。植物根系活动的强弱直接影响着土壤酶活性的高低，特别是在植物的生长季节，各类型河岸缓冲带表层土壤酶的活性存在着明显的差异。而在植物非生长季节，不同植被类型河岸缓冲带土壤酶的活性之间无显著差异，这说明植物对土壤酶的活性影响较大。研究发现，从整体上看，草木樨带和林草带表层土壤和深层土壤酶的活性均高于杂草带。其原因可能是豆科植物与根瘤菌共生具有很强的固氮能力（Rame，2001)，且草木樨和枫杨的根系较深，庞大的根系与根瘤菌作用，提高了根际土壤环境脲酶和磷酸酶的活性，可更好地促进土壤中氮素的转化，更好地供植物吸收；在磷酸酶作用下，可使土壤有机磷转化为植物根系可吸收利用的无机磷，进而更好地促进土壤磷素循环。

本试验结果显示，除杂草带表层土壤脲酶活性与对氮素的去除率有显著相关性外，大部分河岸缓冲带土壤脲酶活性与对氮素的去除效率没有显著的相关性，而各类型的河岸缓冲带表层土壤磷酸酶活性与对磷素的去除率存在显著的相关关系，这与崔波等（2012）的研究结果有一定差别。这说明河岸缓冲带对含氮化合物的去除的机制较为复杂，在河岸缓冲带对氮素的去除作用需要通过一系列的物理、化学以及生物作用过程得以实现（Osborne and Kovacic，1993)。有研究表明，对地表径流中氮素的去除主要通过物理过程，沉积和渗透作用是污染物去除的主要方式（Hill，1996)。地表径流中氮素通过渗透作用进入深层土壤，土壤颗粒和土壤胶体对大部分可交换态 NH_4^+-N 有强烈的吸附作用，使其固定在土壤中，但对 NO_3^--N 的吸附性较差，容易使其流失，两种形态的氮均可被植物吸收利用。同时，硝化、反硝化作用也是去除体系中氮素主要机制之一。因此，对氮素的去除作用受多种因素的影响，土壤的降解作用只是其中因素之一。虽然有研究表明，一些人工湿地基质脲酶活性与对 TN 的去除效率有显著的相关性（岳春雷，2004；曾梦兆，2008)，但各研究结果仍有明显的不一致性（吴振斌，2002)。河岸缓冲带土壤环境较为复杂，特别是本试验研究是在自然情况下，对降雨径流进行野外实测研究，其受降雨量、降雨强度以及气候条件等因素影响较大。因此，本试验研究表明，河岸缓冲带内土壤酶的降解作用并不是对氮素阻控作用的主要机制，将土壤脲酶活性作为评价河岸带去除含氮污染物效果的指标，其结论的科学性有待进一步研究。

与氮素相比，磷素在河岸缓冲带内的迁移转化方式相对简单。土壤颗粒对磷素有较强的吸附作用，径流中的有机磷、无机磷极易与土壤悬浮颗粒物相结合，可随着径流中沉积物的沉积而附着在土壤表面，可被植物吸收和土壤微生物利用（霍炜洁，2013)。磷素不能像氮素那样以气态的形式在体系中完全被去除。因此，随着径流的发生，大量磷素在植物根系附近累积，此时，土壤的吸附与降解作用、植物的吸收以及微生物的活动共同发挥了作用。土壤磷酸酶的酶促作用能够加速根际环境对磷素的转化作用，本试验研究表明，林草带磷酸酶活性最高，其更能有效地阻控地表径流和土壤溶液中的磷素，除发达的根系和较大的生物量外，土壤磷酸酶的降解发挥了一定作用。因此，表层土壤磷酸酶的活性在某种程度上可以作为评价河岸缓冲带体系对磷素阻控作用的指标。但值得注意的是，磷素不能从体系中完全被去除（Lee, et al., 1989），当缓冲带体系不断接纳磷素时，体系磷素可能会达到饱和状态，此时即使植被根际环境磷酸酶的活性较强，土壤降解和植物吸收能力仍会不足以减少磷素的负荷。有研究表明，一些多年生的草本植被河岸缓冲带，其可溶性磷的浓度高出新生草本植被河岸缓冲带可溶性磷浓度 50% 以上（Lee, et al., 1989）。因此，对一些多年生植被的河岸缓冲带体系，应从多方面角度考虑河岸缓冲带对磷素去除的机制。另外，对缓冲带内植物的定期收割，是减少体系中磷素的有效措施。

7.6　结论

（1）从 4—8 月，各类型河岸缓冲带土壤表层土壤脲酶和磷酸酶活性均呈现先升高后降低的趋势，深层土壤脲酶和磷酸酶活性呈逐渐升高的趋势。表层土壤脲酶和磷酸酶的活性均大于深层土壤。在大部分时期内杂草带脲酶和磷酸酶的活性低于草木樨带和林草带，而草木樨带和林草带两种酶的活性没有显著性差异。

（2）聚类分析表明，草木樨带和林草带土壤脲酶活性最为接近，而杂草带和草木樨带土壤磷酸酶活性较为接近。

（3）河岸缓冲带内土壤脲酶的活性与对降雨径流中各形态氮的去除效率不具有良好的相关性，而表层土壤磷酸酶的活性与其有一定的正相关关系。这说明河岸缓冲带对含氮化合物的去除机制较为复杂，河岸缓冲带内土壤酶的降解作用并不是对氮素阻控作用的主要机制；表层土壤磷酸酶在河岸缓冲带内阻控径流磷素方面发挥了一定作用，在某种程度上可以作为评价河岸缓冲带体系对磷素阻控作用的指标。

8 不同类型河岸植被缓冲带土壤微生物群落变化与氮磷去除效果研究

对于河岸缓冲带中氮、磷等元素的循环转化，微生物起到了至关重要的作用。土壤中，特别是植物根际土壤中微生物的活动，可使难利用的氮、磷元素转化成植物可利用的形态，使氮、磷元素能够被生物吸收利用，成为生命物质组成的基本元素。研究河岸缓冲带土壤微生物群落的含量与分布，以及与其对面源污染物中氮磷的截留转化效率的关系，可以了解河岸带内氮磷元素在各形态之间的转化途径以及微生物对其转化的贡献率。从而，从微生物角度揭示河岸缓冲带对面源污染阻控作用机理。另外，微生物活性和群落结构的变化能敏感地反映出土壤质量和健康状况。因此，分析河岸缓冲带内土壤微生物多样性的变化具有十分重要的意义。

本项目采用磷脂脂肪酸（PLFA）方法比较不同植物类型河岸缓冲带土壤微生物类群，从而了解不同河岸缓冲带植物在不同时期的根际微生物群落特点及其变化规律。PLFA方法是指利用生物标志物来描述土壤微生物的群落结构组成的方法。磷脂几乎是所有微生物细胞膜的重要组成成分，在细胞死亡时，细胞膜很快被降解，磷脂脂肪酸被迅速代谢掉。一些磷脂脂肪酸具有属的特异性，只存在于某类微生物的细胞膜中，这些特定的磷脂脂肪酸可以代表不同的微生物类群，因此，可作为生物标志物来指示微生物的种群。磷脂脂肪酸可标志的微生物类群统计数据列于表8-1。PLFA试验技术的应用，有效避免了传统培养中由于培养基的选择性而导致的微生物群体多样性丧失、种群构成发生变化等弊病，能够更直接更可靠地反映土壤微生物的原始组成情况。

表8-1 不同土壤微生物类群与磷脂脂肪酸的对应关系（李会娜，2009；郑雪芳等，2012）

Table 8-1 PLFA for calculating used in analysis of different soil microbial groups

土壤微生物	磷脂脂肪酸	参考文献
革兰氏阴性菌 G（-）	10：0 3OH，12：0 2OH，12：0 3OH，14：0，15：0，16：1w7c，15：0i3OH，15：03OH，17：0cy，17：0，16：12OH，18：1w7c，18：1w5c，11Me18：11w7c，19：0cy　16：1ω9c，i17：0 3OH，17：1ω8c等单烯不饱和脂肪酸	Drijber, et. al, 2000; Hill, et al., 2000; Waldrop, et al., 2000; Zelles, 1999; White, et al., 1996; Zelles, 1999
革兰氏阳性菌 G（+）	12：0i，12：0a，13：0i，13：0a，14：0i，14：0a，15：0i，15：0a，16：0i，16：0a，17：0i，17：0a 18：0等支链脂肪酸	Drijber, er al., 2000; Hill, et al., 2000; Waldrop, et al., 2000; Zelles, 1999; Frostegard, et al., 1993; Zogg, et al., 1997

续表

土壤微生物	磷脂脂肪酸	参考文献
好氧微生物 Aerobe	16：1w7c，18：1w7c	Vestal and White, 1989
厌氧微生物 Anaerobe	19：0cy	Vestal and White, 1989
硫酸盐还原菌 SO_4^{2+}-reducers	16：010Me	Waldrop, et al., 2000
从枝菌根真菌 VAM fungi	16：1w5	Olsson and Alstrom, 2000
真菌 Fungi	18：3w6，9，12c，18：2w6，9c，18：1w9c 18：2ω6，9，18：3ω（6，9，12）等多烯脂肪酸	Baath, et al., 1998, O'Leary, et al., 1988 Zogg, et al., 1997；Steinberger, et al., 1999
放线菌类 Actinomycetes	16：0 Me，18：0 10Me10Me16：0，10Me17：0，10Me18：0	Frostegard, et al., 1993b；Kourtev, et al., 2002；O'Leary et al., 1988；Ratledge, et al., 1988
原生生物 Protists	20：4w6，9，12，15c	Frostegard, et al., 1993b；Kourtev, et al., 2002
真菌/细菌 Fungi/Bacteria	8：2w6，9c+18：1w9c/15：0i+15：0a+16：0i+16：1w7c+17：0i+17：0a+17：0+18：1w7c+19：0cy	Bardgett, et al., 1996；Grayston, et al., 2001
C（−）/G（+）	16：1w7c+17：1w8c+19：cy/14：0i+15：0i+15：0a+16：0i+17：0i+17：0a	Kourtev, et al., 2002；Yao, et al., 2000
细菌 Bacteria in general	14：0、15：0、16：0，17：0，i15：0，a15：0、i17：0，a17：0、i19：0，16：1ω5，a19：0，16：1ω9t 等饱和脂肪酸	Frostegard, et al., 1993；O'Leary, et al., 1988

8.1　材料和方法

8.1.1　样品采集与处理

分别选取土壤酶变化较大的表层土壤样品进行土壤微生物群落结构的分析，土样采集的日期分别为 2013 年 6 月 10 日、7 月 14 日和 8 月 03 日。土样 PLFA 提取过程采用中国科学院植物研究所植被与环境变化国家重点实验室提供的方法，并参考 Frostegårdd et al.（1993）的方法。实验前预先测定土壤含水量，配置试剂，并准备实验用品。所有玻璃器皿（试管、小瓶及瓶盖等）在实验前均须用正己烷清洗，晾干。采用特氟龙材料的离心管进行离心。具体提取步骤：称取相当于 8g 干重的土壤，置于 50mL 离心管中，向离心管中加入 5mL 磷酸缓冲液，再加入 6mL 三氯甲烷和 12mL 甲醇溶液，振荡 2h，在 25℃和 3500rpm 条件下离心 10min，将上层溶液转移至分液漏斗中，加入 23mL 提取液于离心管中的剩余土壤中，继续振荡 30min，再次在 25℃和 3500rpm 条件下离心 10min，将上层溶液再次转移至分液漏斗中。加 12mL 三氯甲烷和 12mL 磷酸缓冲液于分液漏斗中，摇动 2min，静置过夜。第二天，将分液漏斗中下层溶液在 30~32℃条件下进行水浴 N_2 浓缩，加 200μl 三氯甲烷转移浓缩磷脂（共转移 5 次）到已用三氯甲烷活化过的萃取小柱上，加 5mL 甲醇，用干净玻璃试管收集淋洗液，再次进行水浴 N_2 浓缩。加 1mL 1∶1 甲醇∶甲苯溶液，1mL 0.2M 氢氧化钾溶液，摇匀，37℃水浴加热 15min，加 0.3mL 1mol 醋酸溶液，2mL 己烷溶液，2mL 超纯水，低速振荡 10min，将上层己烷溶液移入小瓶，下层加 2mL 己烷，再振荡 10min，再次将上层己烷溶液移入同一小瓶中，利用 N_2 脱水干燥。加 2 次 100μl 己烷于干燥样品中，摇动，转入色谱仪专用的内衬管中，2~3 天内检测。

8.1.2　测定方法

分析测试仪器采用美国 Agilent6890N 型 GC-MS 测试系统。PLFAs 的鉴定采用美国 MIDI 公司（MIDI，Newark，Delaware，USA）开发的基于细菌细胞脂肪酸成分鉴定的 Sherlock MIS4.5 系统（Sherlock Microbial Identification system）。

8.1.3　数据分析

土壤微生物脂肪酸数据选取大于 0.5% 的脂肪酸种类先作单因子方差分析（One-way ANOVA），再与对氮磷的截留效率作相关分析（Perason 2-tailed test）。数据采用 SPSS 19.0 软件进行统计分析，采用 EXCEL-2003 进行图表的制作。

8.2　不同类型河岸缓冲带土壤微生物群落结构的差异

不同采样时期，各类型河岸缓冲带土壤磷脂脂肪酸生物标记相对百分含量如表 8-2 所示。不同植被类型不同采样期各河岸带土壤磷脂脂肪酸生物标记含量不同。试验结果显示，各采样时期不同类型河岸缓冲带土壤中磷脂脂肪酸大于 0.5% 的组分有 26 个，各脂肪酸可指示着不同类群的微生物，主要包括细菌、真菌、放线菌和原生生物等。磷脂脂肪酸生物标记在各时期不同类型河岸缓冲带土壤中的分布存在两种类型：第一类为完全分布，即磷脂脂肪酸生物标记在各时期所有类型河岸缓冲带土壤中均有分布，如 15∶0i、15∶0a、16∶0a、16∶0 等共有 7 种生物标记；第二类为不完全分布，即磷脂脂肪酸生物标记在各时期，或各类型河岸缓冲带内分布不完全，如 12∶0 指示着细菌，在 6 月 10 日土样中各缓冲带内土壤有分布，但在后两次土壤中,分布不完全;再如 18∶1 w9c 指示着真菌,在 8 月 03 日的杂草带土样中并没有检测到其存在。

表 8-2 对不同时期各类型河岸缓冲带土壤磷脂脂肪酸标记的分析(%)

Table 8-2 **Analysis of PLFAs biomarkers for the soil microbial community of different RVFS in different periods**

PLFA	2013 年 6 月 10 日			2013 年 7 月 14 日			2013 年 8 月 03 日		
	杂草带	草木樨带	林草带	杂草带	草木樨带	林草带	杂草带	草木樨带	林草带
10∶0 3OH	29.28	0.00	32.91	8.64	15.37	10.90	7.14	10.1	8.79
11∶0 3OH	4.63	5.20	5.43	0.00	1.25	2.00	0.76	1.12	0.00
12∶0	5.41	8.79	6.60	0.00	0.00	0.00	0.00	1.60	0.00
13∶0 a	0.00	8.92	0.00	0.00	0.00	0.00	0.00	0.00	0.00
14∶0	0.56	0.98	1.12	0.72	0.88	0.98	0.51	0.00	1.09
15∶0 i	2.03	5.21	3.89	3.73	8.22	7.17	4.11	6.19	4.25
15∶0 a	3.96	7.46	4.31	5.72	8.10	7.41	6.68	7.24	5.72
15∶1 w6c	0.00	0.00	0.00	0.00	0.00	0.00	0.00	2.66	0.00
16∶0 i	0.00	0.00	0.00	4.13	0.00	0.00	0.00	3.13	1.78
16∶0 a	3.78	4.04	3.13	7.79	7.27	5.34	8.83	2.06	3.76
Sum 3	3.76	8.33	7.38	4.86	5.80	6.00	0.00	0.00	0.00
16∶0	8.98	7.39	4.85	2.01	9.93	9.63	3.92	17.22	8.62
16∶0 10 Me	2.00	1.58	0.85	2.12	8.42	7.77	3.02	4.25	7.55
16∶1 w5c	0.00	3.51	0.00	0.00	0.00	0.00	0.00	0.00	0.00
17∶1a w9c	2.23	0.00	2.62	6.46	1.71	2.04	8.19	10.00	17.56
17∶0 a	5.48	5.59	5.39	11.66	10.64	9.55	10.61	4.47	5.02
17∶0 cy	0.00	0.00	0.00	0.00	0.00	0.00	0.00	3.68	1.86
Sum 4	0.00	0.00	0.00	0.00	0.00	0.00	13.45	2.14	0.00
18∶0	0.00	0.00	0.00	0.00	0.00	3.89	0.00	0.00	0.00
18∶1 w9c	3.11	2.98	3.34	2.82	3.71	4.08	0.00	2.76	2.28
Sum 5	11.59	8.84	6.15	11.53	10.89	10.56	13.48	10.93	9.99
19∶0 a	0.00	0.00	0.00	9.38	0.00	0.00	0.00	0.00	0.00
19∶0 i	0.00	0.00	0.00	3.74	0.00	1.95	0.00	0.00	3.95
Sum 8	3.00	3.66	0.00	3.73	3.62	4.89	3.56	6.01	5.24
19∶0cy w8c	2.83	0.00	0.00	0.00	0.00	0.00	0.00	0.00	0.00
20∶4 w6, 9, 12, 15c	0.00	0.00	0.00	0.00	0.52	0.00	0.00	0.00	0.75

注:Sum 3=16∶1 w7c+16∶1 w6c;Sum 5=18∶2 w6, 9c+18∶0 a;Sum 8=18∶1 w7c/18∶1 w6c。

8.3　各类型河岸缓冲带不同时期对土壤微生物特殊类群的影响

土壤生态系统中，环境因素复杂多变，其土壤微生物群落的组成、数量及其所占的比例不断地变化。由图 8-1 可以看出，在不同的采样时期之间，各类型河岸缓冲带土壤细菌、真菌和放线菌的含量有所不同且在同一采样时期内，不同类型植被的土壤细菌、真菌和放线菌的含量也有一定差异。在 3 个采样时期中，各类型河岸缓冲带土壤细菌所占的比例最大，显著大于真菌和放线菌的含量，最低的比例也在45%以上。这表明细菌在河岸缓冲带土壤中占绝对优势；其次是土壤放线菌的数量，所占比例范围为 0.85%~8.42%；土壤真菌所占的比例是三大土壤微生物数量中最低的，甚至有些土壤检测不出真菌的含量。可见，土壤细菌在整体土壤微生物中占绝大多数，是本试验河岸缓冲带生态系统中的主要分解者。总体上，在 6—8 月杂草带和林草带土壤细菌所占的比例有所降低，而草木樨带土壤细菌的含量变化差异不显著。各类型河岸缓冲带土壤真菌随时间的变化差异不显著（$P>0.05$）；杂草带土壤放线菌的含量随时间的变化差异不显著（$P>0.05$），而草木樨带和林草带土壤放线菌的含量随时间的变化存在显著差异（$P<0.05$）。

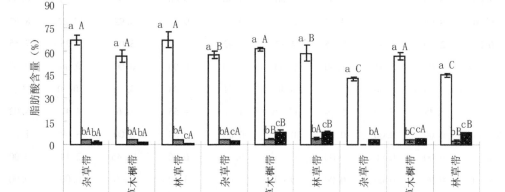

图 8-1　不同时期各类型河岸缓冲带土壤中细菌、真菌和放线菌含量的变化

Figure 8-1　The content of Bacteria, Fungi and Acitonomycete from different RVFS in different periods

注：不同大写字母代表各采样期同一类型河岸缓冲带之间分别在5%水平上差异显著；不同小写字母代表同一类型河岸缓冲带内土壤 3 种菌群之间分别在5%水平上差异显著。

在不同的采样时期，各类型河岸缓冲带土壤微生物的不同功能类群也存在显著差异。图 8-2 为不同时期各类型河岸缓冲带土壤中革兰氏阴性与革兰氏阳性细菌比率差异图，可知，在植物生长初期的 6 月，杂草带和林草带土壤微生物 G-/G+比率显著大于草木樨带。随着植物进入生长旺盛期，各类型河岸缓冲带土壤微生物 G-/

G+比率明显降低，3 种类型的河岸缓冲带几乎没有显著性差异。杂草带和林草带土壤微生物 G-/G+比率随时间的不同变化较为明显，而草木樨带土壤微生物 G-/G+比率在整个采样时期变化不大，差异不显著。有研究表明，土壤微生物 G-/G+比率的大小可以表征土壤可利用的营养元素量的高低（Borga, et al., 1994；Kourtev, et al., 2003），其比率降低时，预示着土壤可利用的营养元素如氨氮和磷酸盐等的含量会有所提高，这也表明土壤微生物群落改变可引起土壤养分循环发生变化（李会娜，2009）。不同类型植被的根际土壤微生物种群的多样性会有一定的差异，某些植被根际土壤会存在某些特定的微生物，如菌根真菌、自生固氮菌等，其可以促进土壤中难以被植物吸收利用的物质发生转化，从而被植物吸收利用（Johnson, et al., 2004）。

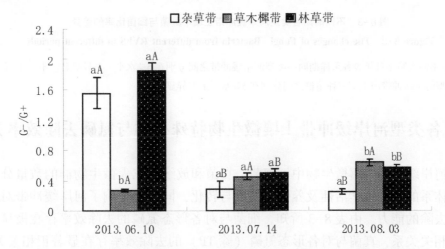

图8-2 不同时期各类型河岸缓冲带土壤中革兰氏阴性与革兰氏阳性细菌比率的差异

Figure 8-2 **The changes of G-/G+ from different RVFS in different periods**

注：不同大写字母代表各采样期同一类型河岸缓冲带之间分别在 5%水平上差异显著。

图 8-3 为不同时期各类型河岸缓冲带土壤中真菌与细菌比率差异图。通过方差分析可知，不同的采样时期内，各类型河岸缓冲带土壤真菌与细菌比率没有发生明显的变化，在 7 月 14 日土壤样品中，虽然草木樨带和林草带中土壤真菌与细菌比率有所升高，但差异不显著。在 8 月 3 日的土壤样品中，尚未在杂草带土壤中检测到真菌的磷脂脂肪酸标记，这可能是由于杂草带土壤真菌的含量较少的原因。研究表明，真菌大多是土壤中的病原菌，若土壤中真菌的含量较多，成为真菌型土壤，将不利于植物的生长，而土壤中细菌占有优势成为细菌型土壤时，才是有利于植物生长的健康型土壤。因此，说明草木樨和枫杨的种植，并没有影响土壤中真菌与细菌的合理比率。从河岸带健康的角度出发，草木樨和枫杨适合作为当地河岸缓冲带植被。

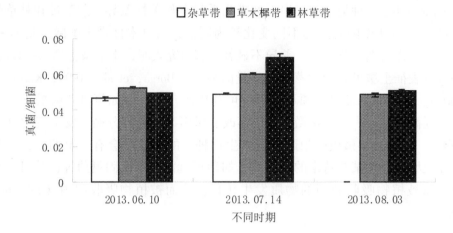

图 8-3　不同时期各类型河岸缓冲带土壤中真菌与细菌比率的差异

Figure 8-3　The changes of Fungi /Bacteria from different RVFS in different periods

注：不同大写字母代表各采样期同一类型河岸缓冲带之间分别在 5% 水平上差异显著；不同小写字母代表同一类型河岸缓冲带内土壤三种菌群之间分别在 5% 水平上差异显著。

8.4　各类型河岸缓冲带土壤微生物特殊类群与氮磷去除效率关系

在河岸缓冲带土壤微生物中，细菌、真菌和放线菌三大微生物群的数量分布直接影响体系的生物化学活性及养分的组成与转化，同时也影响了河岸缓冲带对污染物降解去除的能力。由表 8-3 所知，细菌与对各形态氮磷的去除效率存在极显著或显著正相关关系，真菌与对各形态氮磷（除 TP）的去除效率存在显著正相关关系，放线菌与 NH_4^+-N 和 DP 的去除率存在显著正相关关系，G-/G+ 和真菌/细菌与对各形态氮磷不存在相关关系。这说明土壤微生物在对各形态氮磷转化中起到了至关重要的作用。尤其是土壤细菌是土壤氮磷转化的重要参与者，包括硝化细菌、亚硝化细菌、反硝化细菌、氨化细菌、解磷菌等。土壤中这些细菌数量的增加，可以提高河岸缓冲带植被体系对面源污染物质的降解能力。土壤真菌对有机和无机营养的吸收和利用有一定的影响，而土壤放线菌在有机质的矿化分解、物质转化等方面发挥着重要作用。因此，河岸缓冲带土壤三大微生物群的含量对降雨径流氮磷的去除存在一定的相关性。本试验结果表明，林草带和草木樨带土壤微生物多样性较为丰富，特别是林草带，土壤细菌所占比例较高，这也从土壤微生物的角度证明了林草带对面源氮磷的去除能力。

表 8-3 河岸缓冲带土壤微生物特殊群落比例与对降雨径流中氮磷平均质量截留效率的相关分析

Table 8-3 Correlations between soil microbial specific communityand the retention efficiency of nitrogen and phosphorus

	细菌	真菌	放线菌	G-/G+	真菌/细菌
NH_4^+-N	0.726 ＊＊	0.583 ＊	0.528 ＊	-0.124	0.482
NO_3^--N	0.625 ＊＊	0.535 ＊	0.417	0.152	0.356
TN	0.643 ＊	0.542 ＊	0.305	0.089	0.321
TP	0.535 ＊	0.328	0.421	-0.109	0.146
DP	0.721 ＊＊	0.561 ＊	0.533 ＊	0.203	0.453

注：＊相关性达到显著水平（$P<0.05$）；＊＊相关性达到极显著水平（$P<0.01$）。

8.5 结论

（1）不同植被类型不同采样期各河岸缓冲带土壤磷脂脂肪酸生物标记含量不同。各采样时期不同类型河岸缓冲带土壤中磷脂脂肪酸大于 0.5％的组分有 26 个，代表了细菌、真菌、放线菌和原生生物等不同类群的微生物。

（2）各类型河岸缓冲带土壤微生物特殊类群有显著差异。在 3 个采样时期中，各类型河岸缓冲带土壤细菌所占的比例最大，最低的比例也在 45％以上，显著大于真菌和放线菌的含量。从 6—8 月杂草带和林草带土壤细菌所占的比例有所降低，而草木樨带土壤细菌的含量变化差异不显著；各类型河岸缓冲带土壤真菌含量无明显变化；草木樨带和林草带土壤放线菌的含量有所增加。

（3）随着植物进入生长旺盛期，各类型河岸缓冲带土壤微生物 G-/G+ 比率明显降低，预示着土壤可利用的营养元素的含量有所提高，土壤微生物活性增强。各类型河岸缓冲带土壤真菌/细菌的比率随着时间的不同，变化并不明显。草木樨和枫杨河岸缓冲带体系土壤属细菌型健康土壤，作为当地河岸缓冲带植被。

（4）河岸缓冲带土壤微生物中细菌、真菌和放线菌的含量均与对降雨径流中各形态氮磷质量的截留效率有一定的正相关性，其中细菌与其相关性最大，与对可溶性氮磷的去除效率呈极显著相关性。河岸缓冲带土壤微生物群落分布可以作为评价河岸缓冲带阻控面源污染氮磷能力的指标。

9 生物炭源成分对农业面源污染物中农药分子的吸附性能研究

河岸缓冲带内污染物的迁移转化过程会随季节的改变而发生变化。植物生长季节，河岸缓冲带对污染物的阻控可以通过植物吸收作用得以实现。而在植物非生长季节，植物吸收作用迅速下降，甚至停止。如氮素，反硝化作用仍可以在寒冷季节里继续进行，因此，此时反硝化作用作为去除硝态氮的主要机制。国外学者对寒冷地区河岸缓冲带去除面源污染做了相关研究发现，晚夏时节河岸缓冲带对氮素的去除效果较好，阻控效率高达95%，而在冬季去除率仅为27%~38%，这主要是冬季植物吸收受到限制，同时氮素输入有所增加所造成的综合结果（Maitre, et al., 2003）。也有研究表明，夏季和冬季河岸缓冲带对污染物的去除效率没有显著的不同（Syversen, 2005）。有研究发现河岸缓冲带植被在休眠期间会向地下水中释放总磷（Osborne and Kovacic, 1993），Ulén（1997）研究发现冰冻可显著增加草地缓冲带可溶性磷的浓度，Bechmann et al.（2005）也发现冻融过程使耕地中土壤可溶性磷的浓度增加约100倍。Syversen（2002）研究发现冬季后所引发的径流中可携带超过全年90%的总颗粒物和总磷负荷，但在冬季与夏季中，河岸缓冲带去除颗粒物及其附着的养分的效率上并没有差异。Uusi-Kämppä and Jauhiainen（2010）的研究表明，在夏季和秋季，河岸植被缓冲带能很有效地截留磷素，而在春季，缓冲带的阻控能力明显下降。农药仍是面源污染物的主要成分，如2,4-D，乙草胺和阿特拉津等除草剂在辽河上游河岸缓冲带农田区域被广泛应用，因此，可通过地表径流等物理迁移方式进入受纳水体中。有研究表明，我国铁岭市的招苏台河中，阿特拉津的浓度在水体中高达1.233mg/L（排污口），在底泥中高达79.446mg/g（张琦，2001）。河岸植被缓冲带可通过土壤吸附降解净化径流中的农药，从而防止农药直接污染水域。但是在寒冷季节中，植被尚未复苏，对面源污染物阻控截留效率明显降低。因此，春季冻融后对地表径流所引起的面源污染如何截留阻控的问题亟待解决。

目前，能够去除氮、磷和农药等农业面源污染物质的吸附材料有很多，国内外学者对其进行了大量的研究。在水体中，吸附剂主要靠其特殊的表面结构和孔隙度来吸附去除硝酸盐和磷酸盐。近年来，许多低成本的吸附剂材料被广泛地应用到对硝酸盐和磷酸盐的去除中，例如：利用沸石、竹炭、石英砂、椰壳活性炭和壳聚糖等去除硝酸盐和磷酸盐，都取得了较好的效果。

在辽河附近的农田，玉米是主要作物。到秋季收获作物后，会残留大量的玉米秸秆和玉米秸秆芯。通常对其采用焚烧的办法，会造成浪费和大量空气污染，直接影响是 PM2.5 数值迅速增多。利用玉米秸秆和玉米秸秆芯制备成的生物炭材料，不仅能够实现对废弃的农业副产品进行二次回收利用，而且能够为改善冬季、春季的河岸缓冲带土壤成分，提高对面源污染物的阻控作用提供新的解决路径。

随着全球能源、环境和人类生产生活过程中的矛盾日益突出，寻找具有优异性能的环境材料，改善生存环境，有着优异的应用前景和空间潜力。生物炭材料广泛应用于生态修复、农业和环保领域；提高生物炭的应用空间，还可大规模减少玉米秸秆等生物炭源的燃烧浪费，以及由此造成的空气和环境污染。生物炭材料一般是指生物质原材料在厌氧和缺氧的条件下，经过一定的热解温度产生的含碳量高、具有较大比表面积、富有孔径的固体生物燃料，也称为生物质炭。

常见的生物炭材料包括木炭、稻壳炭、秸秆炭和竹炭等，它们主要由芳香烃和单质碳或具有石墨结构的碳组成。除了碳元素，还包括氮（N）、硫（S）、氧（O）、氢（H）等元素。本章主要介绍生物炭材料的结构特点和性能特点，以及生物炭材料的应用领域。

9.1 生物炭材料的结构和性质

生物炭具有炭化原材料来源广泛、价格低廉、可循环再生、废物再利用等特点。生物炭作为一类新型环境功能材料，在土壤改良、温室气体减排以及受污染环境修复方面都展现出巨大的应用潜力。通常来讲，生物质（草本植物、木本植物等）由纤维素、半纤维素和木质素 3 种主要成分构成，它们通过非共价键彼此交联在一起，形成保护植物的强韧骨架。

生物炭的基本性质因原料属性、炭化装备和工艺等不同而差异巨大，但均具有一些相似的特征，如孔隙结构发达、比表面积大、吸附能力较强、芳香化结构及抗生物分解能力较强等。

生物炭对重金属离子有较强的吸附和固定能力，能够调节土壤理化性质以及通过沉淀、吸附、离子交换等一系列反应，改变重金属元素在土壤中的化学形态和赋值状态，抑制其在土壤中可移动和生物有效性，减轻重金属对作物生长的毒性作用。

下面分别从最具实用性的比表面积、吸附能力多碱性和孔隙结构等方面的性能，论述生物炭材料的结构和性能之间的关系。

9.1.1 生物炭的多碱性研究

土壤中由于长期种植棉花、玉米等同一种作物，造成酸碱的泄漏，导致了土壤 pH 的降低，这样的土壤性质严重限制了土壤肥化和农业管理。我国酸性土壤主要集中在热带和亚热带，由于这些地区湿热多雨，土壤的风化和淋浴作用强烈，土壤 pH

较低，是酸性土壤的主要症结。另外，在施肥和管理应用后，沙子土壤暴露出很高的 N 泄露，造成 pH 的降低。生物炭的多碱性可以中和酸性土壤，提高部分养分的有效性（梁桓，2015）。

生物炭的制备过程对其 pH 有很显著的影响，生物炭的 pH 随着炭化温度的升高而提高；在 400～800℃区间，炭化温度每升高 10℃，pH 提高 0.02 个单位。生物炭之所以呈现碱性，是因为其灰分中的一些元素，如 Na、K、Mg 等都以氧化物、碳酸盐的形式存在，溶于水后呈现碱性。灰分中矿质元素含量越高，生物炭的 pH 也越高。

从表 9-1 中可以看出，生物质在不同的热裂解温度下发生不同的热化学反应，形成的生物炭理化性质存在差异，碱性基团含量也必然不同。对比 4 种不同炭源的碱性基团的含量变化，发现在 300～600℃范围内，随着温度的升高，碱性基团含量逐渐升高。如图 9-1 所示。

表 9-1　不同热裂解温度对两种生物炭源的 pH 的影响

Table 9-1　The influence of pH on the heating temperature of different biochar sources

材料	炭化前	炭化温度（℃）		
		400	600	800
玉米秸秆	6.36+0.01Ad	9.79+0.01Ac	10.26+0.01Ab	10.47+0.01Aa
沙蒿	5.58+0.01Bc	9.48+0.01Ab	9.91+0.01Ba	10.18+0.01Ba

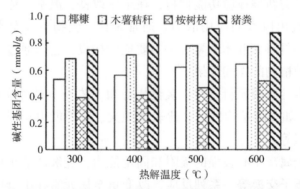

图 9-1　不同温度下 4 种不同炭源的生物炭碱基含量

Figure 9-1　The base group of different biochar source at different temperature

对比 4 种不同的炭源可以看到，随着热解温度的升高，其碱性基团含量逐渐增多，而猪粪、桉树树枝炭源的碱性基团含量在 500℃时达到最大值。4 种不同炭源按照碱性基团从低到高的排列为桉树树枝、椰糠、木薯秸秆和猪粪。针对其土壤中不同的酸性，能够匹配不同的碱性基团，选择不同的炭源的生物炭进行土壤酸碱性中和。

9.1.2 生物炭的比表面积研究

生物炭由于具有大量芳香烃苯环结构，因此拥有更大的比表面积，并且有很高的电荷密度。不同的炭源的生物炭材料，比表面积差别很大。Michael（2011）文中提到了获得更多的比表面积需要比较高的热裂解温度，随着热裂解温度的提高，比表面积变为原来的 4 倍。

同一个热裂解温度下，玉米秸秆来源的生物炭的比表面积比沙蒿的比表面积大，而且随着裂解温度的升高，产出生物炭的比表面积差别的幅度也逐渐提高。如表 9-2 所示。

表 9-2　不同炭化温度下玉米秸秆生物炭和沙蒿生物炭的比表面积（m^2/g）

Table 9-2　the specific surface area of maize biochar and Shasong biochar at different temperature

材料	炭化前	炭化温度（℃）		
		400	600	800
玉米秸秆	2.05±0.03Ac	1.31±0.01Ad	2.97±0.01Ab	23.56±0.68Aa
沙蒿	0.22±0.01Bc	0.79±0.01Bb	0.99±0.24Bb	1.37±0.09Ba

热裂解时间对生物炭的碱性基团的分布也起到了一定的促进作用，在 1~5h 的范围内可以看出来，随着热裂解温度时间的延长，碱性基团的数量逐渐提高（梁桓，2015）。

9.1.3 生物炭的孔隙结构研究

生物炭材料的使用能够提高化肥在土壤中的释放时间。在春季时节，温度升高，土壤中有机肥料随着温度升高，释放速度提高；由于生物炭材料多孔隙结构的存在，使得化肥在氧化过程中得以通过更多的孔隙通道，这样就能增加化肥和空气接触的渠道和时间，延缓这一过程。

长期以来，孔隙结构被认为是生物炭的重要性质。生物炭的孔隙通道结构具有独特的结构，由于生物炭材料中丰富的芳香烃碳结构，能够为化肥在土壤中提供更多的存储空间，一定程度上延缓了化肥与空气中氧气的接触。

生物炭的孔径分为微孔（<0.8nm）、小孔（0.8~2nm）、中孔（2~50nm）和大孔（>50nm），其中，微孔对其比表面积影响最大，能够吸附更多的分子尺度的化合物和分子官能团，把农药分子最大程度地吸收利用到生物炭中。

微孔结构对土壤的改良作用主要体现在对农药和大分子化合物的吸附和吸收影响上。在沿河地带的污染物也在大分子化合物之中，包括除草剂、农药和氮、磷元素官能团等。生物炭材料中，纤维素的质量占比达到了 80% 以上，因此，纤维素分子的微孔结构主要由纤维素分子构成。

而大孔主要涉及土壤的通透性和疏水性，在生物炭中，大孔对土壤的改性作用明显，如图 9-2 所示。

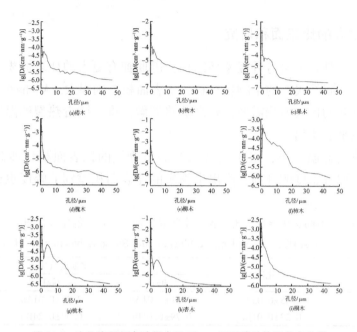

图 9-2　生物炭材料在孔径小于 50μm 区间的孔体积分布曲线

Figure 9-2 the pore column curve of different biochar sources（under 50μm）

生物炭材料中，孔隙结构的分布呈现一定的规律，如图 9-2 所示。其中最主体的孔径大小分布在 10~20μm 之间，同时在小于 3μm 的范围内，也分布着大量的孔隙。孔径分布随着木材不同有显著变化。

丰富的孔隙结构能够为土壤提供吸水性和导水性，尤其可以提高黏土的通气渗水性，从而改善土壤的持水和保水能力。在图 9-3 中可以看到，随着碳含量增加，孔隙结构能够增加土壤更多的保水量和保水时间。

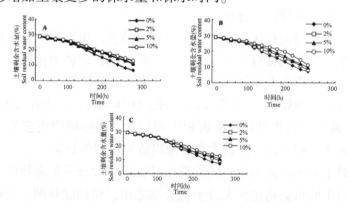

图 9-3　生物炭添加对土壤保水量的影响（A：竹炭添加对土壤保水性能的影响
B：稻炭添加对土壤保水性能的影响　C：烟炭添加对土壤保水性能的影响）

Figure 9-3　The influence of biochar on the earth water-retaining capacity（A：bamboo charcoal to the earth water-retaining capacity B：the rice charcoal to the earth water-retaining capacity C：the soat to the earth water-retaining capacity）

不同的炭来源代表了不同的孔隙结构，竹炭、稻炭和烟炭的孔隙大小是逐渐减小的，可以看到，随着孔隙的大小逐渐减小，土壤的保水能力会有显著差别，这证明较小的孔隙结构能够增强土壤保水能力。Glaser 等人也报道了生物炭材料添加到土壤之中，能够提高土壤至少 18% 的保水能力。

生物炭材料的制备过程中，裂解温度、加热时间对生物炭材料的孔隙结构影响显著，通过控制裂解温度和加热时间，能够有效控制生物炭材料的孔隙结构。

如图 9-4 所示，生物炭的炭化温度对孔隙结构影响很大，但对不同炭材料的影响是很相近的，400℃时，少量的维管束被破坏，大部分孔隙结构能够在 SEM 透镜中看到。当温度上升到 600℃时，大部分维管束结构保存完好，800℃时，两种生物炭源都发生了严重的形变，孔隙都发生了变形，无法识别出完整的孔隙。

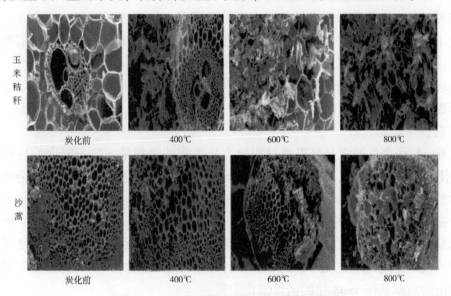

图 9-4 生物炭的孔隙结构随温度变化的 SEM 图
Figure 9-4 The SEM of pore structure of biochar

不同的炭源的孔径分布随温度的变化，都呈现相似的变化趋势。在 600℃附近都形成了最低的孔容量，随着温度再次上升，平均孔径再次增大，使得孔的数量降低。

由于生物炭拥有特定的孔道结构和大的比表面积，使得生物炭相比其他的土壤有机物质，能够吸附更多的阳离子。生物炭的吸附能力是和其制备工艺密切相关的，这其中包括热解温度和热解时间。

9.2 研究内容和方法

生物炭的孔隙结构中，孔径大小包括大孔和小孔。尺寸在纳米级别的小孔在实验上观察难度很大，需要很大的实验成本。而小孔对污染物分子的吸附起到了主要作用。采用计算模拟的方法，可以节约实验成本，并且能够获得微观尺度下生物炭孔隙结构对农药分子的吸附作用及影响。由于未完全炭化等实际原因，不同生物炭来源对农药分子的吸附性能会有不同，例如在 9.1 节中提到的不同生物质形成的生物炭，其碱基含量不同等。因此，通过模拟计算的方法，研究不同炭源成分对除草剂阿特拉津和乙草胺分子的吸附性能，可以为高吸附性能生物炭材料的制备以及后续为河岸缓冲带土壤的施用提供一定的理论依据。

9.2.1 密度泛函理论的介绍

随着量子理论的建立和计算机技术的发展，人们希望能够借助计算机对微观体系的量子力学方程进行数值求解，然而量子力学的基本方程——薛定谔方程的求解是极其复杂的。克服这种复杂性的一个理论飞跃是电子密度泛函理论（DFT）的确立。电子密度泛函理论是 20 世纪 60 年代在 Thomas-Fermi 理论的基础上发展起来的量子理论的一种表述方式。传统的量子理论将波函数作为体系的基本物理量，而密度泛函理论则通过粒子密度来描述体系基态的物理性质。因为粒子密度只是空间坐标的函数，这使得密度泛函理论将 3N 维波函数问题简化为三维粒子密度问题，十分简单直观。

另外，粒子密度通常是可以通过实验直接观测的物理量。粒子密度的这些优良特性，使得密度泛函理论具有诱人的应用前景。密度泛函理论也是一种完全基于量子力学的从头算（ab-initio）理论，但是为了与其他的量子化学从头算方法区分，人们通常把基于密度泛函理论的计算叫作第一性原理（first-principles）计算。经过几十年的发展，密度泛函理论体系及其数值实现方法都有了很大的发展，这使得密度泛函理论被广泛地应用在化学、物理、材料和生物等学科中，Kohn 也因为其对密度泛函理论的贡献获得 1998 年的诺贝尔化学奖。

密度泛函理论可以用来研究分子和凝聚态的性质，是凝聚态物理计算材料学和计算化学领域最常用的方法之一。电子结构理论的经典方法，特别是 Hartree-Fock 方法和后 Hartree-Fock 方法，是基于复杂的多电子波函数。密度泛函理论的主要目标就是用电子密度取代波函数作为研究的基本量。

运用密度泛函理论，分析生物炭分子结构和农药分子结构的特点和吸附能，就能够从理论模拟角度，研究微孔结构对农药分子的作用影响。密度泛函理论中重要的一步就是选择结构优化中的势能函数。我们选择了其中的 B3LYP 势能函数，作为计算吸附能的分子势能函数。

一般认为，至少在能量计算方面，杂化泛函可以得到相对较好的结果。尤其是 B3YLP，对多个体系的测试结果表明，在 GZ 下的能量误差只稍稍大于 Zkacl/mol（0.09eV）。由于其在化学计算，甚至是开壳层过渡金属化学上的适用性，B3YLP 迅速成为最受欢迎、使用最广的泛函（Perdew, 1997; Born, 1927; Stowasser, 1999; Yang, 2012; Perdew, 2001）。B3YLP 中，3 表示 3 参数（el、eZ 和 e3）。Beeke 通过拟合 GI 分子组中 56 个原子化能、42 个电离势、8 个质子亲和力和 10 个第一行原子的能量获得了这三个参数，计算得到 el = 0.80，eZ = 0.72，e3 = 0.81。B 和 LYP 分别表示用到的交换和相关泛函是 B88 和 YLP。

9.2.2　生物炭来源的主要成分

生物炭的来源材料中，占比重达到 95% 以上的成分包括纤维素、半纤维素和木质素。纤维素（cellulose）是由葡萄糖组成的大分子多糖，不溶于水及一般有机溶剂，是植物细胞壁的主要成分。常温下，纤维素既不溶于水，又不溶于一般的有机溶剂，如酒精、乙醚、丙酮、苯等，也不溶于稀碱溶液中。因此，在常温下它是比较稳定的，这是因为纤维素分子之间存在氢键。纤维素不溶于水和乙醇、乙醚等有机溶剂，能溶于铜氨 $Cu(NH_3)_4(OH)_2$ 溶液和铜乙二胺 $(NH_2CH_2CH_2NH_2)Cu(OH)_2$ 溶液等。在一定条件下，纤维素与水发生反应。反应时氧桥断裂，同时水分子加入，纤维素由长链分子变成短链分子，直至氧桥全部断裂，变成葡萄糖。

水可使纤维素发生有限溶胀，某些酸、碱和盐的水溶液可渗入纤维结晶区，产生无限溶胀，使纤维素溶解。纤维素加热到约 150℃ 时不发生显著变化，超过这个温度会由于脱水而逐渐焦化。纤维素与较浓的无机酸起水解作用生成葡萄糖等，与较浓的苛性碱溶液作用生成碱纤维素，与强氧化剂作用生成氧化纤维素。纤维素是地球上最古老、最丰富的天然高分子，是取之不尽、用之不竭的人类最宝贵的天然可再生资源。纤维素化学与工业始于 160 多年前，是高分子化学诞生及发展时期的主要研究对象，纤维素及其衍生物的研究成果为高分子物理及化学学科的创立、发展和丰富做出了重大贡献。

半纤维素是由几种不同类型的单糖构成的异质多聚体，这些糖是五碳糖和六碳糖，包括木糖、阿拉伯糖和半乳糖等。半纤维素木聚糖在木质组织中占总量的 50%，它结合在纤维素微纤维的表面，并且相互连接，这些纤维构成了坚硬的细胞相互连接的网络。半纤维素具有亲水性能，这将造成细胞壁的润胀，可赋予纤维弹性，在纸页成型过程中有利于纤维构造和纤维间的结合力。因此，半纤维素的加入影响了表面纤维的吸附，对纸张强度有影响。纸浆中保留或加入半纤维素有利于打浆，这是因为半纤维素比纤维素更容易水化润胀，半纤维素吸附到纤维素上，增加了纤维的润胀和弹性，使纤维精磨而不是被切断，因此能够降低打浆能耗，得到理想的纸浆强度。

构成半纤维素的糖基主要有 D-木糖基、D-甘露糖基、D-葡萄糖基、D-半乳糖基、L-阿拉伯糖基、4-O-甲基-D-葡萄糖醛酸基、D-半乳糖醛酸基和 D-葡萄糖醛酸基等，还有少量的 L-鼠李糖、L-岩藻糖等。半纤维素主要分为 3 类，即聚木糖类、聚葡萄甘露糖类和聚半乳糖葡萄甘露糖类。

半纤维素的工业利用正在开发，制浆废液可制酵母，酵母又可抽提出 10% 的核糖核酸，再衍生为肌苷单磷酸酯和鸟苷单磷酸酯，可用作调味剂、抗癌剂或抗病毒剂等。林产化学品法是先用有机酸使纤维原料预水解，水解残渣仍可制浆，质量可与未预水解的浆相媲美，而从水解液中可分离出戊糖和己糖组分，所得木糖经处理后制成木糖醇，可作增甜剂、增塑剂、表面活性剂；木糖酸可作胶黏剂；聚木糖硫酸酯可作抗凝血剂。

木质素是一种广泛存在于植物体中的无定形的、分子结构中含有氧代苯丙醇或其衍生物结构单元的芳香性高聚物。植物的木质部（一种负责运水和矿物质的构造）含有大量木质素，使木质部维持极高的硬度以承拓整株植物的重量。木质素是由4种醇单体（对香豆醇、松柏醇、5-羟基松柏醇、芥子醇）形成的一种复杂酚类聚合物。木质素是构成植物细胞壁的成分之一，具有使细胞相连的作用。木质素是一种含许多负电基团的多环高分子有机物，对土壤中的高价金属离子有较强的亲和力。

因单体不同，可将木质素分为3种类型：由紫丁香基丙烷结构单体聚合而成的紫丁香基木质素（syringyl lignin，S-木质素）、由愈创木基丙烷结构单体聚合而成的愈创木基木质素（guaiacyl lignin，G-木质素）和由对-羟基苯基丙烷结构单体聚合而成的对-羟基苯基木质素（para-hydroxy-phenyl lignin，H-木质素）。裸子植物主要为愈创木基木质素（G），双子叶植物主要含愈创木基-紫丁香基木质素（G-S），单子叶植物则为愈创木基-紫丁香基-对-羟基苯基木质素（G-S-H）。从植物学观点出发，木质素就是包围于管胞、导管及木纤维等纤维束细胞及厚壁细胞外的物质，并使这些细胞具有特定显色反应（加间苯三酚溶液一滴，待片刻，再加盐酸一滴，即显红色）的物质；从化学观点来看，木质素是由高度取代的苯基丙烷单元随机聚合而成的高分子，它与纤维素、半纤维素一起，形成植物骨架的主要成分，在数量上仅次于纤维素。木质素填充于纤维素构架中以增强植物体的机械强度，利于输导组织的水分运输和抵抗不良外界环境的侵袭。

木质素在木材等硬组织中含量较多，蔬菜中则很少见。一般存在于豆类、麦麸、可可、草莓及山莓的种子部分之中。其最重要的作用就是吸附胆汁的主要成分胆汁酸，并将其排出体外。

本质素含有多种活性官能团，如羟基、羰基、羧基、甲基及侧链结构。其中羟基在木质素中存在较多，以醇羟基和酚羟基两种形式存在，而酚羟基的多少又直接影响到木质素的物理和化学性质，如能反映出木质素的醚化和缩合程度，同时也能衡量木质素的溶解性能和反应能力；在木质素的侧链上，有对羟基安息香酸、香草酸、紫丁香酸、对羟基肉桂酸、阿魏酸等酯型结构存在，这些酯型结构存在于侧链的 α 位或 γ 位。在侧链 α 位除了酯型结构外，还有醚型连接，或作为联苯型结构的碳-碳联结。同酚羟基一样，木质素的侧链结构也直接关系到它的化学反应性。

9.2.3 乙草胺除草剂介绍

乙草胺是一种广泛应用的除草剂，由美国孟山都公司于 1971 年开发成功，是目前世界上最重要的除草剂品种之一，也是目前我国使用量最大的除草剂之一。考虑到暴露在乙草胺每日摄取容许量以上的环境中对人体的潜在危害，以及地表水中乙草胺代谢物对人体的危害，现在还不能排除基因毒性的存在，欧盟委员会决定对除草剂乙草胺不予再登记，已下令欧盟成员国在 2012 年 7 月 23 日取消其登记。现存库存的使用宽限期不能超过 12 个月。

乙草胺是选择性芽前处理除草剂，主要通过单子叶植物的胚芽鞘或双子叶植物的下胚轴吸收。吸收后向上传导，主要通过阻碍蛋白质合成而抑制细胞生长，使杂草幼芽、幼根生长停止，进而死亡。禾本科杂草吸收乙草胺的能力比阔叶杂草强，所以防除禾本科杂草的效果优于阔叶杂草。乙草胺在土壤中的持效期为 45 天左右，主要通过微生物降解，在土壤中的移动性小，主要保持在 0~3cm 土层中。

研究这 3 种成分和乙草胺分子的相互作用能，能够分析不同分子结构、不同孔隙大小以及对土壤吸附性能的改进，分析乙草胺分子被吸附的主要成分和孔径情况。

9.2.4 阿特拉津除草剂介绍

阿特拉津是内吸选择性苗前、苗后封闭除草剂，以根吸收为主，茎叶吸收很少。杀草作用和选择性同西玛津，易被雨水淋洗至土壤较深层，对某些深根草亦有效，但易产生药害，持效期也较长。它的杀草谱较广，可防除多种一年生禾本科和阔叶杂草。适用于防除玉米、高粱、甘蔗、果树、苗圃、林地等旱田作物中的马唐、稗草、狗尾草、莎草、看麦娘、蓼、藜、十字花科、豆科杂草，尤其对玉米有较好的选择性（因玉米体内有解毒机制），对某些多年生杂草也有一定抑制作用。

阿特拉津（Atrazine，AT）分子式为 $C_8H_{14}C_1N_5$，分子量为 215.69，属均三氮苯类农药。作为苗前、苗后除草剂，在我国农业生产中应用十分广泛，在北方粮食作物玉米、高粱和南方果园、茶园生产中都有应用。但其残留时间长，在土壤和水中残留时间超过 1 年且在土壤中吸附量较低，很容易穿透包气带污染地下水。微量的阿特拉津对人和动物有毒性作用。已有研究发现，一定剂量下，阿特拉津对小鼠生殖细胞可能造成遗传损伤，对鱼类可导致其机体产生较强的氧化压力，进而影响鱼类的正常生长发育。

含有高浓度阿特拉津的地表水或地下水会引发许多环境问题，如人类健康问题（生长发育、癌症以及生殖器官的伤害）、水生生物问题（雌性化）和植物生长问题等。

9.3　生物炭源不同成分对乙草胺和阿特拉津分子吸附性能的影响

9.3.1　模拟设计和方法

　　本文采用密度泛函理论，设计了纤维素、半纤维素和木质素的孔隙结构，及其对乙草胺分子的吸附能。纤维素、半纤维素和木质素的孔径边长分别取 1、2、4，其单位为相应分子的平均半径大小。通过对比吸附能，并对生物炭中各个成分对吸附能的贡献比例进行比较。

　　纤维素的结构如图 9-5 所示。

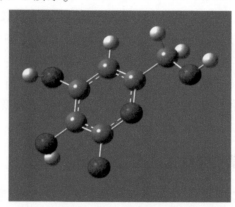

图 9-5　纤维素的最小单元分子结构球棍模型，其中红球为氧元素，深灰色球为碳元素，浅灰色球为氢元素
Figure 9-5　the cellulose minors molecule structure, red ball is oxygen, heavy gray ball is carbon, light gray ball is hydrogen

　　纤维素分子结构为 $(C_6H_{10}O_5)_n$，其中 n 为聚合程度。纤维素的最小结构单元为类似芳香环结构，其中，n 为 1，如图 9-6 所示。通过分析分子结构和农药官能团的相互作用能，可以分析纤维素分子对不同官能团的吸附能力，为分析微孔结构对官能团的影响提供能量参数，从而判断微孔结构对不同官能团的吸附能力的强弱。

　　设计的最小孔隙结构是根据纤维素的分子构型图而得来的。孔隙结构为四边形，边长为 2 倍的分子平均半径大小。孔隙和孔隙靠氢键结合在一起，即氢原子之间的相互作用。

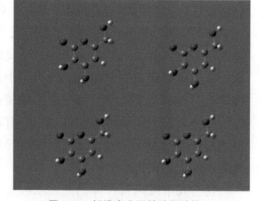

图 9-6　纤维素分子的孔径结构
Figure 9-6　the pore structure of cellulose molecule

　　木质素的分子结构分 3 种，如图 9-7 所示，分别为愈创木基结构、紫丁香基结构和对羟苯基结构。3 种结构的差别在支链上，分别为 1 个甲酸羧基、2 个甲酸羧基

和 0 个甲酸羧基。如图 9-8 所示。

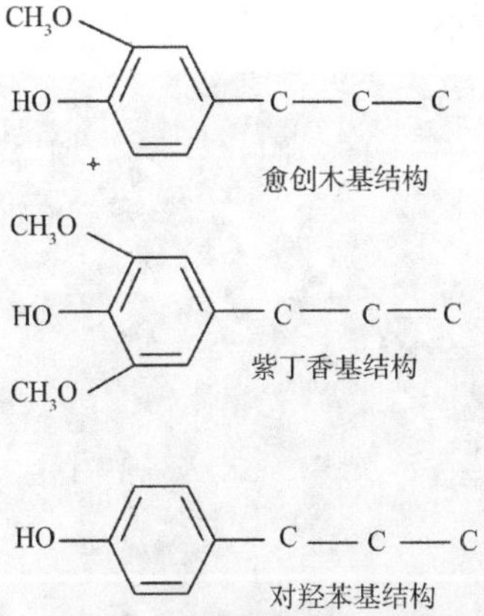

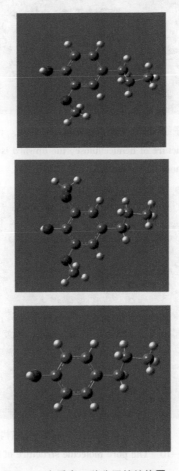

愈创木基结构

紫丁香基结构

对羟苯基结构

图 9-7 木质素分子的 3 种种类

Figure 9-7 The three structures of lignin molecule

图 9-8 木质素 3 种分子的结构图

Figure 9-8 The three molecule structure of three lignin

半纤维素的分子结构如图 9-9 所示，其中聚木糖的支链较长，有 13 个碳原子；

聚葡萄甘露糖支链较短，有9个碳原子。苯环上链接的长链为碳链，半纤维素分子组成的孔隙结构如图9-10所示。

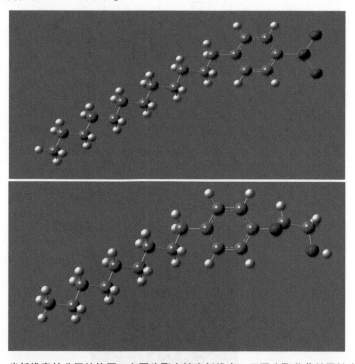

图 9-9　半纤维素的分子结构图，上图为聚木糖半纤维素，下图为聚葡萄甘露糖半纤维素

Figure 9-9　The molecule structure of hemicellulose, the upward is xylan hemicellulose, the downward is the grape mannose hemicellulose

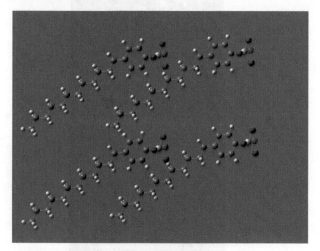

图 9-10　半纤维素的孔隙分子结构图

Figure 9-10　The pore molecule structure of hemicellulose

乙草胺分子的结构如图9-11所示，其中深灰色为碳原子，浅灰色为氢原子，红色为氧原子，蓝色为氮原子，绿色为氯原子。

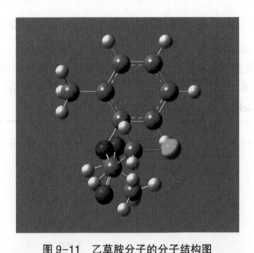

图 9-11 乙草胺分子的分子结构图

Figure 9-11 The molecule structure of Acetochlor

阿特拉津分子的分子结构如图 9-12 所示，苯环在上链有两个碳支链和一个氯原子支链，与生物炭主要成分中的各种组成成分之间有相互作用的影响。

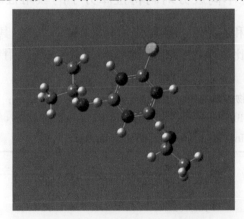

图 9-12 阿特拉津的分子结构图

Figure 9-12 The molecule structure of atrazine

9.3.2 植物生物炭源的不同成分对乙草胺分子的吸附性能比较

根据模拟设计，我们分析了植物生物炭源 3 种主要成分——纤维素、半纤维素和木质素在 3 种不同孔径大小情况下对乙草胺分子的吸附能大小，其中，3 种孔径分别为分子平均半径的 1 倍、2 倍和 4 倍，其结果如表 9-3 所示。在表中我们发现，随着孔径半径的增大，纤维素、半纤维素和木质素对乙草胺分子的吸附能均减小，代表其吸附能力均降低。而且可以看出，在 3 种主要的成分中，紫丁香基木质素的孔径对其吸附能力的影响最为突出，对吸附能表现出了明显的吸附性能作用。表现更明显的是纤维素，也能起到比较高的吸附作用，而半纤维素中的两种结构——聚木糖和葡萄甘露糖对乙草胺农药分子的吸附性作用相对不明显。

因此，土壤中若含有过量的乙草胺农药，希望通过加入生物炭材料缓释乙草胺农药，建议选用含有较多紫丁香基结构木质素成分的生物炭源。其在土壤中就能够吸附更多乙草胺分子，起到阻止乙草胺分子流入河流的作用。

表9-3　生物炭源不同主要成分不同孔隙大小对乙草胺分子的吸附能（单位：Hartrees）

Table 9-3　The different pore structure of three composition of biochar on the acetochlor absorption（Unit：Hartrees）

生物炭源主要成分	一倍孔径	二倍孔径	四倍孔径
纤维素	4921.32	4397.13	3828.12
半纤维素聚木糖	571.56	689.08	259.54
半纤维素葡萄甘露糖	2202.52	502.47	242.73
木质素愈创木基结构	6185.83	5405.97	4625.81
木质素紫丁香基结构	7402.32	6468.49	5796.92
木质素对羟苯基结构	4912.21	4226.16	3724.89

9.3.3　植物生物炭源不同成分对阿特拉津分子的吸附性能大小的比较

纤维素、半纤维素和木质素的孔径边长分别取1、2、4，其单位为分子的平均半径大小。对比吸附能，比较生物炭中各个成分对阿特拉津吸附情况的贡献。如表9-4所示。

表9-4　生物炭源对阿特拉津分子的吸附能大小（单位：Hartrees）

Table 9-4　The different pore structure of three composition of biochar on the atrazine absorption（Unit：Hartrees）

生物炭源主要成分	一倍孔径	二倍孔径	四倍孔径
纤维素	5931.79	5393.37	5363.92
半纤维素聚木糖	1013.52	591.64	323.09
半纤维素聚葡萄甘露糖	1166.67	383.82	211.99
木质素愈创木基结构	5826.01	5133.52	4346.15
木质素紫丁香基结构	7012.50	6161.31	5472.16
木质素对羟苯基结构	4457.78	3838.52	3406.95

计算的结果如表9-4所示，总体上来看，木质素对吸附能的贡献最大，而木质素中紫丁香基木质素对阿特拉津的吸附能最显著，其次是纤维素。总体上孔径在1倍大小左右时，生物炭对阿特拉津的吸附是最大的。木质素中，随着甲酸羧基数量的增加，吸附能出现了增加的趋势，而且增加最明显，说明该极性官能团是提高结合能的关键因素。

半纤维素的两种糖类，当孔径大小在一倍孔径的时候，能够看到聚葡萄甘露糖的吸附能力更强，随着孔径的增大，聚葡萄甘露糖的吸附能力逐渐弱于聚木糖，而在二倍孔径的时候这个差别最大。

　　在木质素的分类中，分为愈创木基结构、紫丁香基结构和对羟苯基结构。其中整体吸附能力较强，而紫丁香基木质素的结构的吸附能力最强。

　　因此，从模拟计算结果上看，对阿特拉津的吸附生物炭中，应该选择木质素尤其是紫丁香基木质素的成分占比例较高的生物炭源。

10 生物炭对土壤理化性质的影响

对生物质（农作物残留部、畜禽粪便、枯枝落叶等）的开发利用是国际公认的解决资源与环境问题的可行技术措施之一。生物炭是生物质在高温缺氧条件下的裂解产物，由于其制备原材料来源广、成本低（谢祖彬等，2011；陈温福等，2011），可有效改善土壤理化性质（张晗芝等，2010，Peng, et al., 2011），增加作物产量（Haefele，2011），作为一种环境友好型"碳汇"技术，已经广泛应用于农业生态保护和污染治理等领域。

由于不同生物质原有化学成分和骨架结构不同，炭化后理化性质，如多孔碳架结构、吸附性能等差异较大，施入土壤后对调节水、肥、气、热等土壤环境条件会产生不同程度影响。本章节以两种常见农作物残留部分为研究对象，通过对比水稻秸秆和玉米芯炭化前后基本理化性质、对两种生物炭微观形态和比表面积进行表征，以及通过田间土壤实验研究生物炭在花生不同生长期对土壤比重、土壤容重、土壤孔隙度、土壤体积含水量、pH、阳离子交换量等理化性质的影响，以期为后续章节的研究提供基本数据和一定参考依据。

10.1 材料与方法

10.1.1 供试材料

供试生物炭由水稻秸秆和玉米芯为试验原材料，采用辽宁省生物炭工程技术研究中心专利炭化炉和亚高温缺氧干馏技术制备生物炭。制炭温度约为600℃，并对生物炭进行基本理化性质的测定，作为后续生物炭应用的试验材料。

10.1.2 主要仪器设备

Autosorb-1型比表面积测定仪（Quantachrome，美国）；Superscan 550扫描电镜（Shimadzu，日本）；元素分析仪（Elementar，德国）；电感耦合等离子体质谱仪（ICP-MS）7500（Agilent，美国）；土壤水分测量仪 MPM-160B（中国）；pH500台式pH测试仪（Clean，美国）。

10.1.3 生物炭施入田间土壤实验

地点在辽宁省辽中区试验田，以种植花生的大田土壤为研究对象，研究施入玉米芯生物炭对土壤容重、土壤孔隙度、土壤水分和土壤 pH 的影响。实验分为 4 个小区，每个小区长 6m，宽 3.8m。以 80g/m² 施入玉米芯生物炭，记为 A1；以 160g/m² 施入玉米芯生物炭，记为 A2；以 240g/m² 施入玉米芯生物炭，记为 A3,；未施入生物炭的土壤，即空白对照土壤，记为 CK。每种处理 3 次重复，共计 12 片小区。花生按照常规种植方式播种，生物炭于播种前垄施，分别研究花生发芽出苗期、开花下针期和种子成熟期土壤理化性质的变化情况。

10.1.4 分析方法

生物炭炭化前后比表面积、孔径分布、气体吸附等采用 Autosorb-1 型比表面积测定仪（康塔，美国）。

生物炭主要元素 C、N 组成采用 Elementar 元素分析仪（vario MACRO cube，德国）测定。

生物炭 Fe、Mg、Ca、Al 等矿质元素采用 ICP-MS 7500（Agilent，美国）测定。

生物炭 pH 参考活性炭 pH 的测定方法（GB/T 12496.7-1999），固定碳和灰分含量的测定参照木炭试验（GB/T 17664—1999）进行。

碘吸附值的测定参照活性炭测定方法（GB/T 12496.8-1999），取一定量的水稻秸秆生物炭和玉米芯生物炭与碘液经充分振荡吸附后，经过滤、取滤液，用硫代硫酸钠溶液滴定滤液残留的碘量，取剩余碘浓度对两种生物炭的碘吸附值进行测定。

分别于花生发芽出苗期、开花下针期和种子成熟期，采用环刀法测定土壤比重、土壤容重，计算土壤总孔隙度等指标，具体操作及计算方式如下。

在土壤自然结构不被破坏的情况下，将环刀锐利的一端垂直压入土中，将环刀内的土壤全部移入已知重量（b）的铝盒中，称取铝盒与湿土的重量（c），烘干后，再称取铝盒与干土的重量（a）；

土壤比重（g/cm³）= $\dfrac{a-b}{V}$，土壤容重（g/cm³）= $\dfrac{c(1-w)}{V}$，式中：c 为湿土重，

w 为土壤含水量；土壤总孔隙度（%）=（$1-\dfrac{土壤容重}{土壤比重}$）×100%；

土壤阳离子交换量采用 EDTA—铵盐法，按照下式进行计算：

$$CEC（\text{cmol/kg}）= \frac{M(V-V_0)}{m}$$

式中：V 为滴定待测液所消耗盐酸毫升数；V_0 为滴定空白所消耗盐酸毫升数；M 为盐酸的摩尔浓度；m 为烘干土样质量。

采用手持式土壤水分测量仪 MPM-160B 测定土壤耕层含水量。

土壤 pH 用 pH500 台式 pH 测试仪（Clean，美国）测定。

10.2 生物炭微观形态和比表面积

将制备的生物炭在真空烘箱中干燥 24h，用美国康塔（Quantachrome）的 Autosorb-1 型比表面积测定仪以 BET 法测定其比表面积和进行孔容与孔径分析，结果如表 10-1 所示。

表 10-1 生物炭炭化前后孔容、孔径和比表面积

Table 10-1 Aperture and specific area characterization of biochar before and after charring

供试材料 Materials	总孔体积(ml/g·10⁻³) Total pore volume	微孔体积(ml/g·10⁻³) Microporous pore volume	孔平均直径(nm) Average pore diameter	比表面积(m²/g) Surface Area
水稻秸秆 Rice straw	6.2	0.4	28.1	9.3
水稻秸秆生物炭 Rice straw biochar	9.7	1.4	10.8	200.7
玉米芯 Maize cob	3.1	0.3	9.3	76.7
玉米芯生物炭 Maize cob biochar	20.1	1.7	15.8	410.5

由表 10-1 可知，水稻秸秆和玉米芯在炭化后的总孔体积、微孔体积和平均孔径都显著变大，水稻秸秆的比表面积从炭化前的 $9.3\text{m}^2/\text{g}$ 增加到炭化后的 $200.7\text{m}^2/\text{g}$，提高了 20 倍左右；玉米芯的比表面积从炭化前的 $11.4\text{m}^2/\text{g}$ 增加到 $410.5\text{m}^2/\text{g}$，提高了近 25 倍。这可能与供试生物质本身的物质结构组成与疏密结构以及生产过程条件控制有关，比表面积的增加对生物炭作为吸附剂有重要作用。

10.3 生物炭炭化前后基本理化性质的比较

10.3.1 水稻秸秆生物炭和玉米芯生物炭主要元素组成

分别采用元素分析仪（Elementar，德国）和 ICP-MS 7500（Agilent，美国）测定生物炭 C、N 元素和 Fe、Mg、Ca、Al 矿质元素，其结果如表 10-2 所示。

表 10-2 生物炭炭化前后主要元素含量（%）

Table 10-2 Main element composition of biochar before and after charring

生物炭 biochar	C	N	C/N	Fe	Mg	Ca	Al
水稻秸秆生物炭 Rice straw biochar	53.6	0.88	60.9	0.18	1.22	0.49	0.20
玉米芯生物炭 Maize cob biochar	74.6	0.90	82.9	0.11	0.60	0.22	0.14

由表 10-2 可以看出，水稻秸秆和玉米芯炭化后的产物都具有较高的含碳量，分别为 53.6% 和 74.6%，碳氮比分别为 60.9 和 82.9，这与供试原料物质组成和对养分的吸收积累有关；在 Fe、Mg、Ca 和 Al 等矿质元素含量方面，水稻秸秆生物炭高于玉米芯生物炭，也与供试原料对特定矿质元素的吸收积累量有关。

10.3.2 两种生物炭部分理化性质比较

参照木炭试验方法（GB/T 17664—1999）对供试水稻秸秆和玉米芯炭化前后进行固定碳含量和灰分含量分析，结果如表 10-3 所示。

表 10-3 水稻秸秆生物炭和玉米芯生物炭部分理化性质比较

Table 10-3 Physical and chemical properties of rice straw biochar and maize cob biochar

供试材料 Materials	固定碳含量（%） Fixed-carboncontent	灰分含量（%） Ash content	pH pH value	碘吸附值（mg/g） Iodine adsorption value
水稻秸秆 Rice straw	9.2	9.7	—	—
水稻秸秆生物炭 Rice straw biochar	60.5	19.2	9.0	2.3
玉米芯 Maize cob	14.3	7.6	—	—
玉米芯生物炭 Maize cob biochar	68.8	10.6	9.7	3.1

水稻秸秆和玉米芯在炭化后固定碳含量明显提高，分别为其原材料固定碳含量的 7.3 倍和 4.9 倍。由于供试材料本身的物质组成和结构差异，玉米芯生物炭固定碳含量略高于水稻秸秆生物炭。生物炭本身结构稳定，在水土作用下分解缓慢，固定碳的含量的稳定对应用生物炭固碳减排、土壤碳汇输入等具有重要意义。

同时，水稻秸秆和玉米芯在炭化后灰分含量均明显提高，分别为其原材料灰分含量的 1.9 倍和 1.4 倍。两种生物炭中灰分含量对比也较明显，水稻秸秆生物炭为玉米芯生物炭灰分含量的 1.7 倍，这同样与供试材料本身的物质组成和结构有关。

两种生物炭的 pH 均大于 7，呈碱性。碱性强弱表现为玉米芯生物炭强于水稻秸秆生物炭，生物炭的这种特性能够通过提高酸性土壤的 pH 而起到改良土壤理化性质的作用。

水稻秸秆和玉米芯生物炭的碘吸附值相对比较高，分别为 2.3mg/g 和 3.1mg/g，碘吸附值是评价吸附剂性能最直接的指标，而生物炭的吸附能力对于土壤环境中营养元素的固持和污染物质的吸附具有重要意义。

10.4 玉米芯生物炭对土壤理化性质的影响

生物炭作为外源添加剂，除了可以通过改善土壤容重、孔隙度，提高土壤阳离子交换量和 pH，增强土壤的保水性，促进土壤团聚体的形成等直接影响土壤的理化性质，还可以为土壤微生物的生长繁殖提供良好的生存环境，从而提高土壤微生物活性，改善群落结构以及保护功能的多样性，进而加强了土壤对有机污染物的锁定和降解，影响环境中有机污染物的迁移转化并降低其生物有效性。

10.4.1 生物炭对土壤比重、土壤容重和土壤孔隙度的影响

土壤比重、容重和孔隙度是土壤的基本物理性质，测定土壤比重可以大致判断土壤的矿物组成和有机质含量及母质、母岩的特性；土壤容重是单位面积内的土体重量，以此可以推算土壤水分、养分的含量和土壤灌水定额。由土壤比重和容重的测定结果，可以计算出土壤孔隙度，为了解土壤中水、肥、气、热等肥力因子的相互关系提供参考资料。生物炭的施入主要通过改善土壤容重和土壤孔隙度来影响土壤的基本物理性质。

采用环刀法测定土壤比重、土壤容重，计算土壤孔隙度等指标，结果如图 10-1~图 10-3 所示。

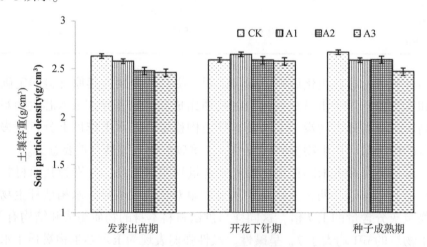

图 10-1　生物炭对花生生长期土壤比重的影响

Figure 10-1　Effects of biochar on soil particle density during peanut growth period

由图 10-1 可知，玉米芯生物炭施入土壤的比重在花生发芽出苗期和种子成熟期两个阶段均低于 CK 处理的土壤比重，大体表现为随施入生物炭比重的增加而略微降低，但都在 2.47~2.67g/cm³ 之间。在花生的开花下针期，4 种处理中的土壤容重随生物炭施入量的规律性变化不明显，表现为 A1>A2>CK>A3。总体上看，土壤比重在花生整个生长阶段变化不是十分明显。

由图 10-2 可知，在花生发芽出苗期，土壤容重随施入生物炭量的增加而明显

降低，生物炭处理土壤容重均低于对照土壤；在花生开花下针期，3 种生物炭处理土壤容重同样低于对照土壤，但与生物炭施入量的规律性变化不明显；在种子成熟期，4 种处理的土壤容重表现出与花生发芽期一样的趋势，即随着施入生物炭量的增加而明显降低。总体来说，由于生物炭具有较小的容重，它的施入明显降低了土壤容重，对改善土壤性状具有较大作用。

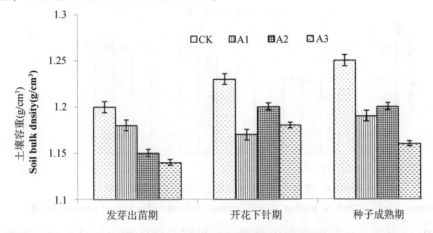

图 10-2　生物炭对花生生长期土壤容重的影响

Figure 10-2　Effects of biochar on soil bulk dnsity during peanut growth period

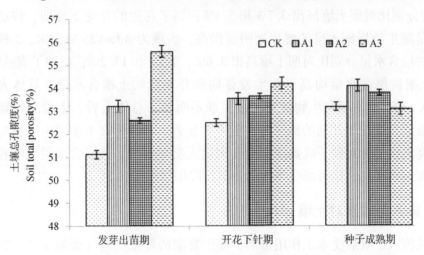

图 10-3　生物炭对花生生长期土壤总孔隙度的影响

Figure 10-3　Effects of biochar on soil total porosity during peanut growth period

由图 10-3 可知，在花生发芽出苗期和开花下针期，在土壤总孔隙度方面，生物炭处理明显高于空白土壤，总孔隙度随施入生物炭量的增加而明显升高，两个阶段的 A3 处理分别比对照处理高出 8.7% 和 3.2%；在花生种子成熟期，3 种生物炭处理土壤总孔隙度同样高于对照土壤，但 A3 与对照土壤差异不明显，且土壤总孔隙度与生物炭施入量的规律性不明显；总体上看，生物炭处理提高了花生生长期的土壤总孔隙度，有利于改善土壤水、热、气和促进作物生长。

10.4.2 施入生物炭对土壤耕层水分的影响

分别在花生的发芽出苗期、开花下针期和种子成熟期,采用手持式土壤水分测量仪 MPM-160B 测定土壤耕层含水量,其结果如图 10-4 所示。

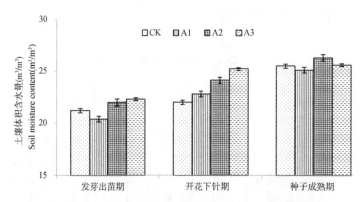

图 10-4　生物炭对花生生长期土壤体积含水量的影响

Figure 10-4　Effects of biochar on soil moisture contentduring peanut growth period

由图 10-4 可知,在花生发芽出苗期,在耕层土壤体积含水量方面,生物炭处理明显高于空白土壤,表现出随施入生物炭量的增加而明显升高的趋势,其中,A2 和 A3 处理分别比对照土壤高出 3.7% 和 5.1%;到了花生的开花下针期,耕层土壤体积含水量随生物炭施入量的增加而明显提高,表现为 A3>A2>A1>CK,3 种生物炭处理的耕层含水量分别比对照土壤高出 3.6%、9.2% 和 13.2%;在种子成熟阶段,4 种处理土壤耕层含水量均高于花生发芽期和开花期的土壤含水量,具体表现为 A3>A4>CK>A1,含水量与生物炭施入量关联不明显。总体上看,生物炭处理对花生发芽出苗期和开花下针期的耕层含水量影响显著,表现为含水量随生物炭施入量增加而提高。生物炭对种子成熟期土壤含水量无明显影响,耕层含水量也随着花生的生长期而逐渐增加,这可能受当地的季节性降雨影响。

10.4.3 施入生物炭对土壤 pH 的影响

生物炭施入土壤后受水土作用影响,发生复杂的理化反应(张旭东等,2003)。随着花生生长期的推进,微生物活动也逐渐旺盛,导致生物炭的表面官能团改变,从而影响土壤 pH。实验考查花生生长期施入生物炭后土壤 pH 的变化情况,结果如图 10-5 所示。

由图 10-5 可以看出,在花生发芽出苗期,在土壤 pH 方面,生物炭处理明显高于空白土壤,表现为 A3>A4>CK>A1,pH 随施入生物炭量的增加的趋势不十分明显;在开花下针期和种子成熟期,在土壤 pH 方面,生物炭处理同样高于空白土壤,且与生物炭施入量相关性不显著。一般情况下,生物炭由于含有大量能够吸收土壤 H^+ 的官能团,如—COO—、—COOH、—OH 等,使土壤 pH 升高;同时,由于生物炭中含有的钾、钠、钙、镁等盐基离子与土壤中的 H$^+$ 和 Al^{3+} 发生置换反应，也可以提高土壤的 pH。实验中生物炭的施入总体上提高了花生生长期的土壤 pH，但由于水土作用和旺盛的微生物活动，导致 pH 的增加随生物炭的施入量增加趋势不明显。

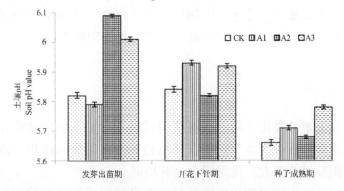

图 10-5　生物炭对花生生长期土壤 pH 的影响

Figure 10-5　Effects of biochar on soil pHvalue during peanut growth period

10.4.4　生物炭对土壤阳离子交换量的影响

阳离子交换量是指单位质量土壤所能吸附的全部交换性阳离子的厘摩尔数（cmol/kg）。它是反映土壤保肥能力、土壤缓冲能力的重要指标，也是改良土壤和合理施肥的重要依据。主要受土壤胶体类型、土壤质地、土壤 pH 等因素影响。由于生物炭本身具有疏松多孔的结构和较大的比表面积，同时其表面富含一系列氧、氮、硫官能团，带有大量负电荷和较高的电荷密度，具有很大的阳离子交换量，因此，生物炭的施入将会影响土壤阳离子交换量。采用 EDTA—铵盐法对花生生长期土壤的阳离子交换量进行测定，结果如图 10-6 所示。

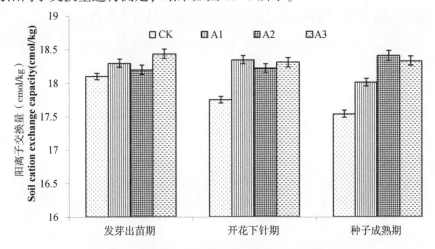

图 10-6　生物炭对花生生长期土壤阳离子交换量的影响

Figure 10-6　Effects of biochar on soil cation exchange capacityduring peanut growth period

由图 10-6 可以看出，在花生出苗期，施入生物炭土壤的阳离子交换量明显高于对照土壤，表现出随生物炭含量的增加而升高的趋势。其中，A3 处理较对照处理阳离子交换量高出 1.8%；在开花下针期和种子成熟期，生物炭处理土壤的阳离子交换量均高于对照处理，且同样呈现出随生物炭含量的增加而升高的趋势，但生物炭处理间的差异不十分显著。总之，生物炭的输入提高了土壤的阳离子交换量，改善了土壤本身的理化性质与结构，对提高土壤肥力具有积极作用。

10.5　结论

从水稻秸秆和玉米芯炭化前后的微观结构可以看出，不稳定结构在热解过程中消失，留下具有轮廓清晰、丰富微孔的碳架结构。炭化后总孔体积、微孔体积和平均孔径和比表面积都显著变大，吸附能力显著增强。

不同原材料制备的生物炭理化性质受材料本身的物质组成和结构制约，水稻秸秆和玉米芯生物炭都含有 C、N、P 等营养元素以及 Fe、Mg、Ca、Al 等矿质元素；炭化后固定碳含量的升高有利于土壤固定碳源的汇入和保持生物炭的吸附性能，而炭化后灰分的引入可以增加未完全炭化的生物炭表面的官能团，从而对土壤中有机污染物起到一定的化学固持作用。

综合考虑比表面积、固定碳含量和碘吸附值，选用玉米芯生物炭作为修复剂施入的土壤，发现其对花生整个生长期中土壤理化性质的改善具有重要意义。受生物炭疏松多孔的影响，生物炭对土壤容重、土壤孔隙度和土壤耕层含水量的改善在花生发芽出苗期和种子下针期尤为明显。由于地区季节性降雨，在花生种子成熟期，土壤容重和耕层含水量的变化不显著。受生物炭自身酸碱性和较强吸附性的影响，土壤 pH 和阳离子交换量在花生生长期同样明显改善。从长远效应来看，生物炭的施入对土壤可持续发展、固碳减排与对污染物的固持具有重要现实意义。

11 炭基纳米铁粉对 2,4-D 在河岸缓冲带土壤中去除的研究

有机氯农药通常具有长期残留性和生物蓄积性，在水体、土壤以及生物体内有较高的检出率，修复有机污染土壤已成为国内外环境领域的研究热点之一（游远航等，2005；卢向明，2012）。近年来，很多学者研究了零价铁粉或改性铁粉修复有机氯农药污染水体（Paknikar, et al., 2005；He, et al., 2009；冯丽等，2012；Dombek, et al., 2001），而利用负载材料配合还原铁粉联合修复有机物亦成为研究趋势（Xu, et al., 2012）。生物炭是生物有机材料高温热解产物，在改善土壤理化性质、降低土壤重金属、农药污染中表现出巨大潜力（Jones, et al., 2011；Biederman, et al., 2012；Singh, et al., 2012），由于土壤环境复杂，零价铁在土壤固、液相中极易氧化失活，生物炭较大的比表面积及多孔的特性，可以对纳米铁粉起到包裹以保持其活性的作用，同时土壤溶液中产生的炭-铁微电池会促进含氯有机物的还原脱氯。试验拟利用生物炭的吸附特性先把土壤中有机污染物吸附到表面，由邻近的零价铁粉对其脱氯还原。纳米铁粉在生物炭的保护下不容易氧化和团聚，能在长时间内相对保持稳定的脱氯效果。试验研究了生物炭和纳米铁粉对土壤中 2,4-D 的去除作用，并就土壤环境因素（温度、pH）对降解效果的影响进行了探讨。

11.1 材料与方法

11.1.1 试验材料

供试土壤为阜新市辽河支流细河河岸缓冲带未受污染表层土壤，将采集的土壤样本风干、磨细、过 2mm 筛，用于培养试验和分析。该土壤的有机质、全铁分别为 17.1g/kg 和 10.2g/kg，阳离子交换量为 26.37cmol/kg，pH 为 7.39，未检出 2,4-D。

2,4-D（购自国药集团），配制成 100mg/L 储备液，保存于 4℃冰箱中，待用。供试生物炭以水稻秸秆为试验原材料，采用辽宁省生物炭工程技术研究中心专利炭化炉和亚高温缺氧干馏技术制备，制炭温度约为 600℃。生物炭比表面积 301.2m²/g，平均粒径 42.4μm，平均孔径 20.8nm，碳含量 63.1%，腐殖酸含量 6.6%，pH 为 9.4。纳米铁粉由激光诱导法制备，平均粒径 50nm，比表面积 >50m²/g，含铁量 ≥99.9%；将一定质量比的纳米铁粉和生物炭加入去离子水中，在氮气保护下于磁力搅拌器中搅拌 1h，去离子水定容，得到生物炭-纳米铁悬浮液，储存在真空箱中待用。

136 河岸植被缓冲带对农业面源污染的阻控作用研究

11.1.2 降解试验

根据田间施用量及预试验数据，确定了 2, 4-D 的浓度以及纳米铁和生物炭降解土壤中 2, 4-D 的最适合配比。控制纳米铁/生物炭的总质量分数为 0.5% 的条件下，铁/炭配比为 0.34%/0.17%（质量分数）时，称取一定体积的生物炭纳米铁悬浮液，均匀施入 5.0g 的土壤，置于总体积 250mL 的锥形瓶中，然后加入 50mL 浓度 10mg/L 的 2, 4-D 溶液，调整溶液 pH 为 4.5，用聚四氟乙烯密封塞密封，于室温下（25±2）℃ 在旋转式振荡器上振荡 16h 后静置 1h，分别测定上清液和土壤中的 2, 4-D 浓度，计算吸附量，每次处理重复 3 次。

试验还考查了炭基纳米铁粉在 2, 4-D 不同初始浓度（CK，10mg/L，15mg/L，20mg/L，25mg/L 和 30mg/L），不同环境温度（15℃，25℃，35℃，45℃），土壤泥浆 pH（3.1，5.1，7.0，8.9），以及超声功率 400W（SCQ-H300A 超声波恒温水浴）条件下对土壤中 2, 4-D 降解的情况。

脱氯率由试验测出的氯离子浓度与 2, 4-D 中氯元素理论含量的比值计算，铁离子产生量由试验测出的铁离子浓度与初始纳米铁粉投加量的比值得出。

11.1.3 分析方法

土壤上清液中的 2, 4-D 用正己烷萃取，有机层经无水硫酸钠去水，用高纯氮气吹扫浓缩至近干，用甲醇定容待测。土壤中吸附的 2, 4-D 在超声水浴器中用正己烷和丙酮混合液（1∶1，V/V）萃取，离心，过滤，重复上述操作合并萃取液。旋转蒸发后过层析柱分离净化，用正己烷淋洗，淋洗液用高纯氮气吹扫浓缩至近干，用甲醇定容待测（Singh，et al.，2011）。

溶液中 2, 4-D 采用高效液相色谱法（Agilent 1100，带可变波长检测器）。分析条件：色谱柱，C18 柱；流动相，甲醇，水，60，40，流速 1.0mL/min；进样量，20μL；检测波长，248nm；外标法进行定量。

11.2 纳米铁粉微观形态表征

图 11-1 为纳米铁粉扫描电镜（Superscan 550）图像。可以看出，大多数纳米铁粉颗粒的直径都在 100nm 以内。球状颗粒状明显，由于超微颗粒的表面效应，纳米铁粉的结合力超过本身的重量，颗粒易于团聚，加之纳米铁粉之间有磁性相互作用，因此，图片中存在部分团絮状纳米铁粉颗粒。

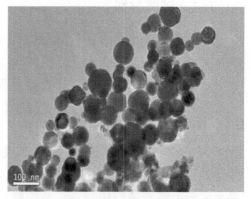

图 11-1　纳米铁粉的扫描电镜照片

Figure 11-1　SEM image of Fe0 nanoparticles

11.3　纳米铁/生物炭对土壤中 2,4-D 的降解

图 11-2 中，C 表示反应时溶液中 2,4-D 的浓度，C_0 表示反应初始时 2,4-D 的浓度；C/C_0 为随时间变化，反应物剩余量占初始投加量的百分比。如图所示，在纳米铁粉和生物炭混合施入时，溶液中游离的 2,4-D 随反应的进行而明显降低，12h 后趋于平缓。土壤吸附的 2,4-D 浓度在前 2h 内略微升高，而后开始降低，总体呈现出先增加后降低的趋势。16h 后总 2,4-D（溶液中的 2,4-D 和土壤中吸附的 2,4-D）降解率达到 88.6%；同时，铁离子的产生率达到 23.2%，浓度为 53.2mg/L；氯离子的产生量为 63%，浓度为 2.02mg/L。由此可见，较高的含铁比提供了更多的反应活性点位，促进了对 2,4-D 降解反应的进行。

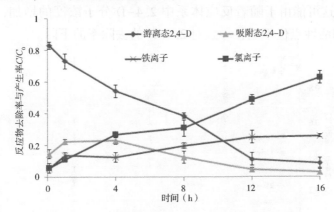

图 11-2　2,4-D 在添加纳米铁/生物炭土壤溶液中的降解

Figure 11-2　Degradation of 2,4-D in the soil slurry

降解试验期间，土壤吸附的 2,4-D 变化范围始终在 4.6%~6.8% 之间，变化浮动不大。含有芳香 π 电子的 2,4-D 能与高度芳香化的生物炭形成 π-π 键，通过 π 电子供体-受体特殊作用强力而吸附在生物炭上。因此，在反应进行的前 2h 内，由于生物炭的吸附作用，土壤对 2,4-D 的固持逐渐增强，直至慢慢达到平衡，导致了纳米铁对土壤泥浆中游离 2,4-D 的降解受到一定限制，降低了其降解速率；吸附作用对 2,4-D 降解产生的影响在 4h 后逐渐减小，这从土壤泥浆中总 2,4-D 浓度随时间的变化曲线斜率增加可以看出，说明降解过程进入迅速反应阶段。随着反应的进行，更多的铁-炭微电解在溶液中形成（陈华林等，2004）。其作用机制为纳米铁粉和生物炭在电解质溶液接触时，生物炭的电位高成为无数的阴极，而纳米铁的电位低成为阳极，它们之间形成无数的微小原电池。生物炭的吸附点位和零价铁的反应点位同时参与到对 2,4-D 的吸附和降解过程之中（Lien, et al., 2007）。部分被土壤吸附的 2,4-D 也参与到脱氯反应，浓度逐渐降低。这一现象的原因可能是：溶液中大量的铁-炭原电池系统加速了铁的腐蚀，促进 2,4-D 的还原脱氯反应；纳米铁颗粒占据了部分生物炭的吸附点位，阻碍了其对 2,4-D 的吸附；整个反应过程中的

中间产物（如 Fe^{2+}）推动了反应的进行。

11.4 初始浓度对 2,4-D 降解的影响

不同初始浓度的 2,4-D 在土壤的降解中随时间的变化如图 11-3 所示。试验结果表明，在平衡浓度 0~10mg/L 的范围内，在未添加生物炭的条件下，土壤对 2,4-D 的吸附作用较差，最大吸附量 Q_m 为 17.83μg/g，而生物炭对有机农药的吸附作用一般是土壤的 400~2500 倍，未添加生物炭和纳米铁粉的 CK 处理对 2,4-D 的去除效果有限，16h 后仅为 3.7%。同时，2,4-D 在土壤泥浆中的降解率随着体系中 2,4-D 初始浓度从 10mg/L 增加到 30mg/g，呈现出明显的降低趋势。16h 后，在 6 种初始浓度处理中，对 2,4-D 的去除率分别为 91%、82.1%、75.1%、56.8%、42.7% 和 3.7%（CK）。这可能由于随着反应体系中 2,4-D 分子浓度的增加，土壤溶液中纳米铁/生物炭的活性点位不足，导致对 2,4-D 的去除率的下降。

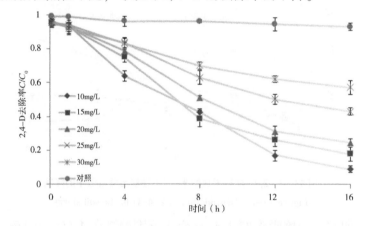

图 11-3　不同浓度 2,4-D 在土壤泥浆中的降解

Figure 11-3　Effect of initial 2,4-D concentration on 2,4-D degradation

根据试验数据和修正一级动力学方程，得出不同初始浓度中 2,4-D 的反应速率常数，结果见表 11-1。

表 11-1　不同初始浓度 2,4-D 在纳米铁/生物炭施入土壤泥浆中反应的 k_{obs} 值

Table 11-1　kobs of 2,4-D degradation in varying initial concentration of 2,4-D

$C_{2,4-D,0}$（mg/L）	k_{obs}（h^{-1}）	r^2（%）
10	0.415	97.31
15	0.461	99.10
20	0.426	98.27
25	0.397	97.30
30	0.391	98.22

由表 11-1 可知，虽然 2,4-D 降解率随着体系中初始浓度的升高而显著降低，但降解反应速率变化浮动不大，k_{obs} 从最初的 0.415/h（初始浓度 10mg/L）略微降

低到 0.391/h（初始浓度 30mg/L）。

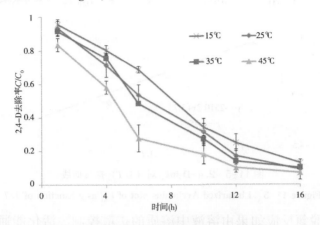

图 11-4　温度对 2,4-D 在土壤泥浆中降解的影响

Figure 11-4 Effect of reaction temperature on 2, 4-D degradation

11.5　温度对 2,4-D 降解的影响

由图 11-4 可知，2,4-D 在土壤泥浆中的降解受温度影响显著，10h 后，45℃的水浴条件下，2,4-D 的降解率达到了 81.8%，而在 15℃水浴条件下，降解率为 65.7%。体系温度的升高导致 2,4-D 分子热运动加剧，溶液中的 2,4-D 快速向纳米铁/生物炭表面移动，从而加速了降解反应的进行。如表 11-2 所示。

表 11-2　不同温度下 2,4-D 在土壤中降解的 k_{obs} 值

Table 11-2　k_{obs} of 2, 4-D degradation in varying temperature

温度（℃）	k_{obs}（h^{-1}）	r^2（%）
15	0.363	97.66
25	0.415	97.30
35	0.650	98.20
45	0.773	98.57

试验通过引入 Arrhenius 方程来进一步研究 2,4-D 在土壤泥浆中降解的机制：

$$k_{SA} = A\exp\left(\frac{-E_a}{RT}\right) \qquad (11\text{-}1)$$

式中：A 为前指数因子，E_a 为活化能（kJ/mol），R 为通用气体常数，T 为热力学温度（K），式（11-1）变化得

$$\ln(k_{SA}) = \ln A - \frac{E_a}{RT} \qquad (11\text{-}2)$$

由 $\ln(k_{SA})$ 对 $\frac{1}{T}$ 作线性关系图，如图 11-5 所示。

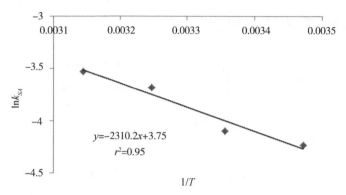

图 11-5 2, 4-D $\ln k_{SA}$ 对（1/T）拟合曲线

Figure 11-5 **Linearized Arrhenius plot of k_{SA} as a function of $1/T$**

研究表明，脱氯反应如果由溶液中溶质的扩散控制，活化能通常为 10~20kJ/mol，较高的活化能（>29kJ/mol）则表示表面化学反应在脱氯中起控制作用（Su, et al., 1999）。本试验中表面活化能 Ea 为 24.50kJ/mol，说明 2, 4-D 在施入纳米铁/生物炭的土壤泥浆中的脱氯反应速率是由表面化学反应所主导的。

11.6 初始 pH 对 2, 4-D 降解的影响

2, 4-D 作为一种弱酸性有机酸，在溶液中电离为阴离子参与到还原脱氯反应（方国东等，2010）。

$$pK_a = -\lg \frac{\left[H^+\right]\left[R^-\right]}{\left[HR\right]} \tag{11-3}$$

转化为

$$\lg\left[R^-\right] = pH - pK_a + \lg\left[HR\right] \tag{11-4}$$

由式（11-4）可知，pK_a 值一定，通过改变环境 pH，可以影响 2, 4-D 在土壤溶液中的电离平衡，从而影响参与到还原降解反应的 2, 4-D 阴离子浓度。

2, 4-D 的降解效率和氯离子的产生率随时间的变化关系如图 11-6 所示。随着pH 从 3.1 升高到 8.9，2, 4-D 降解率逐渐降低，24h 后，4 种处理降解率分别为90%、82%、69% 和 56%。一方面，在较低 pH 条件下，纳米铁更容易腐蚀而产生脱氯反应所需的还原性氢；另一方面，纳米铁在偏碱性条件下的水溶性较低，在溶液中生成的二价铁、三价铁的氧化物和氢氧化物团聚在纳米铁表面，占据大量反应点位，从而阻碍其与 2, 4-D 的还原反应。图 11-6（b）表明 2, 4-D 降解过程中氯离子的产生率与 pH 也有较强的相关性，基本规律与 2, 4-D 在土壤泥浆中的降解结果吻合。

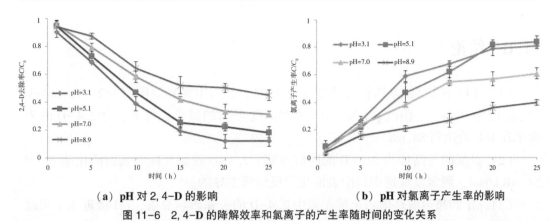

（a）pH 对 2,4-D 的影响　　　　　　（b）pH 对氯离子产生率的影响

图 11-6　2,4-D 的降解效率和氯离子的产生率随时间的变化关系

Figure 11-6 （a）Effect of initial pH on 2,4-D degradation；（b）Effect of initial pH on production of chloridion

11.7　超声波/铁炭配合使用降解土壤泥浆中 2,4-D

超声波/铁炭配合使用对 2,4-D 在土壤泥浆中降解的影响如图 11-7 所示。

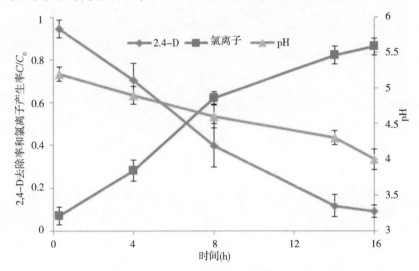

图 11-7　超声波/铁炭配合对土壤泥浆中 2,4-D 降解

Figure 11-7　The effect of ultrasonic wave on 2,4-D degradation and chloridion generation

由图 11-7 可知，存在超声条件下，2,4-D 初始浓度为 10mg/L 时，10h 后对其的去除率就达到了 80.2%，16h 后对 2,4-D 的去除率达到了 93.1%。其原因可能是在固-液体系中，超声作用使覆盖在铁炭表面的沉淀物从表面脱附下来，实现了对固体表面的冲洗和激活，从而提高了还原效率。同时，随着超声波频率增加，固-液界面会产生固体表面微射流，加强了物质的传递过程，加快反应速率。超声波空化作用使液体的局部产生高温高压，水分子在这种效应作用下发生裂解反应：H_2O → $\cdot H^+ + \cdot OH$，反应产生的 $\cdot H$ 和 $\cdot OH$ 自由基具有很强的化学活性，能把阳极析出的 Fe^{2+} 离子迅速氧化成 Fe^{3+}，从而提高了铁炭内电解对污染物的处理效果。

11.8　结论

（1）土壤中炭基纳米铁粉质量分数为 0.5%，铁与生物炭质量比为 2∶1，2,4-D 初始浓度为 10mg/L，溶液 pH 为 4.0，水浴温度 25℃ 的试验条件下，对 2,4-D 的去除率在 16h 后达到 88.6%。

（2）温度的升高加快 2,4-D 的降解速率。2,4-D 脱氯反应的表面活化能 E_a 为 24.50kJ/mol，脱氯反应速率是由表面化学反应所主导的。

（3）pH 和超声波环境对土壤泥浆中 2,4-D 的去除影响显著，pH 接近 3.1 和超声功率为 400W 时更利于炭基纳米铁粉对土壤溶液中 2,4-D 的降解。

12　玉米芯生物炭对 2,4-D 在土壤中吸附性能的研究

土壤是环境的重要介质，无论以何种方式使用农药，农药都会直接或间接进入土壤环境，因此，各国土壤中有机氯农药都有不同程度的检出（Wang, et al., 2005；Li, et al., 2006；Tao, et al., 2007）。2,4-D（2,4-Dichlorophenoxyacetic Acid）主要作为除草剂、保鲜剂、植物生长调节剂的使用而进入环境。残留于土壤中的 2,4-D 会发生水解、光解和微生物降解，而由于其本身的迁移性、生物毒性和土壤特性而导致的地表水和地下水污染也有所报道（Leonard, 1990；Hall, et al., 1993；Geng, et al., 2007）。农药在土壤中的吸附和迁移随着土壤理化性质、气候条件、微生物环境适应性和土壤改良剂性质而改变。

生物炭是生物有机材料在缺氧及低氧环境中经热裂解后的固体产物，大多为粉状颗粒。将生物炭作为土壤添加剂在增加土壤碳汇的同时，还在改善土壤理化性质、提高土壤肥力和降低土壤重金属及农药污染中表现出巨大潜力（Sheng, et al., 2005；Tian, et al., 2009；Jones, et al., 2011；Lou, er al., 2011）。它和与其性质相似的活性炭相比，具有成本较低、持续时间长等优点，近年来围绕生物炭对土壤中污染物的吸附行为研究越来越受到研究人员重视。但是到目前为止，生物炭在土壤中的很多作用机制还不明确，土壤环境因素对生物炭作用效果的影响以及土壤中长期的定位试验等方面还应加强研究。

本文以玉米芯为原料，采用辽宁省生物炭工程技术研究中心专利炭化炉和亚高温缺氧干馏技术制备生物炭。研究施入不同质量生物炭的土壤对 2,4-D 的吸附行为，土壤环境因素对生物炭吸附效果的影响，探讨生物炭对土壤中有机氯农药的吸附规律和机理，以期为污染土壤的修复和防治提供参考依据。

12.1　材料与方法

12.1.1　试验材料

供试土壤为沈阳地区黏壤质棕壤，2013 年 6 月采自沈阳农业大学北部实验基地 0~20cm 未受污染表层土壤（未检出 2,4-D），将采集的土壤样本风干、磨细、过 2mm 筛，用于培养试验和分析。该土壤理化性质见表 12-1。

表 12-1　供试土壤理化性质

Table 12-1　Physical and chemical properties of soil　　　　　mg/kg

土壤类型	质地	有机质	碱解氮	速效磷	速效磷	pH
棕壤	黏壤	15.45	166.3	19.98	28.77	5.82

供试生物炭以玉米芯为试验原材料，采用辽宁省生物炭工程技术研究中心专利炭化炉（专利号200710086505.4）和亚高温缺氧干馏技术制备生物炭。制炭温度约为600℃（Chen, et al., 2011），其理化性质见表12-2。

表 12-2　供试玉米芯生物炭理化性质

Table 12-2　Physical and chemical properties of biochar

理化性质 Biochar characteristics	
比表面积 Specificsurfacearea（m^2/g）	410.5
含碳量 C（$wt\%$）	74.6
灰分含量 Ashcontent（$wt\%$）	10.6
腐殖酸含量 Humic acid（$wt\%$）	6.7
pH	9.7

将 2,4-D（购自国药集团）配制成100mg/L储备液，保存于4℃冰箱中，待用。二氯甲烷、氯化钠、无水硫酸钠、磷酸等均为分析纯，购自国药集团；甲醇为色谱/光谱纯（Fisher，美国）。

12.1.2　试验主要仪器设备

Autosorb-1型比表面积测定仪（Quantachrome，美国）；Superscan 550 扫描电镜（Shimadzu，日本）；高效液相色谱仪（Agilent 1100，带可变波长检测器）；WD-35旋转浓缩仪（瑞士，BuCHI）；恒温振荡器（江苏太仓仪器设备厂生产）；台式离心机（无锡瑞江分析仪器有限公司生产）。

12.1.3　吸附试验

称取 5.0g 的土壤（生物炭质量比为0，0.1%，0.3%，0.5%）置于总体积250mL 的锥形瓶中，加入 50mL 不同浓度（0.1～10mg/L）2,4-D 溶液（介质为0.01mol/L 的 $CaCl_2$），用聚四氟乙烯密封塞密封，于室温下（25±2）℃在旋转式振荡器上振荡 60h。然后5000r/min 离心30min，测定上清液中2,4-D 浓度，计算吸附量，每次处理重复3次。吸附试验在密封避光条件下进行，同时设置不加吸附剂和不加农药的对照。实验考查 2,4-D 在施入生物炭土壤中的等温吸附；引用一级动力学方程和二级动力学方程研究生物炭吸附土壤中 2,4-D 的反应速率并探讨其吸附机制。

溶液中 2,4-D 采用高效液相色谱法。分析条件为：色谱柱，C18 柱（250mm×4.6mm，5μm）；流动相，甲醇∶水，60∶40（V/V），流速 1.0mL/min；进样量，20μL；检测波长，248nm；外标法进行定量。

12.1.4　温度、pH 影响试验

保持土壤中生物炭质量比为 0.5%，用 0.1%NaOH 和 0.1%H$_2$SO$_4$ 调整溶液 pH 为 1.6，2.4，3.1，4.4，6.6，7.9，调整水浴温度为 20℃，25℃，30℃，35℃，40℃，分别研究 pH、温度对 2,4-D 在土壤中吸附的影响。

12.2　生物炭微观形态和比表面积的表征

图 12-1 为玉米芯炭化前后的扫描电镜图。由图可以看出，玉米芯炭化部分组织相互密集地连接在一起，而炭化部分原有生物质结构消失，主要留有多孔碳架结构，轮廓清晰，孔隙结构非常丰富。这种丰富的孔隙结构特征，对生物炭在农业上的应用具有重要意义。

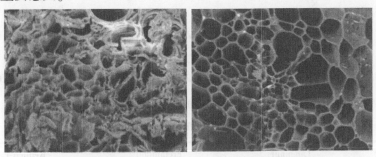

（a）炭化前　　　　　　　　　（b）炭化后

图 12-1　玉米芯炭化前后扫描电镜图

Figure 12-1　SEM image of the maize cob（a）before carbonized；（b）carbonized

将制备的生物炭在真空烘箱中干燥 24h，用 Autosorb-1 型比表面积测定仪以 BET 法测定其比表面积和进行孔容与孔径分析，结果如表 12-3 所示。

表 12-3　生物炭炭化前后孔容、孔径和比表面积

Table 12-3　Aperture and specific area characterization of biochar before and after charring

供试材料	总孔体积（mg/L·10^{-3}）	微孔体积（mL/g·10^{-3}）	孔平均直径（nm）	比表面积（m^2/g）
玉米芯	3.1	0.3	9.3	76.7
玉米芯生物炭	20.1	1.7	15.8	410.5

由表 12-3 可知，玉米芯在炭化后的总孔体积、微孔体积和平均孔径都显著变大，比表面积从炭化前的 76.7m^2/g 增加到 410.5m^2/g，提高了近 5 倍。这可能与供

试生物质本身的物质结构组成与疏密结构以及生产过程条件控制有关。

12.3 生物炭对土壤中 2, 4-D 的等温吸附研究

根据吸附试验数据，以吸附平衡时溶液中 2, 4-D 的浓度为横坐标，以土壤对 2, 4-D 的吸附量为纵坐标，绘制等温吸附曲线，如图 12-2 所示。引用 Langmuir，Freundlich，Redlich-Peterson 3 种吸附对试验数据进行拟合，拟合结果见表 12-4。

$$\text{Langmuir：} q_e = \frac{K_L Q_m C_e}{1+K_L C_e} \text{；} \quad \text{Freundlich：} q_e = K_f C_e^{1/n} \text{；} \quad \text{Redlich-Peterson：} q_e = \frac{aC_e}{1+bC_e^D}$$

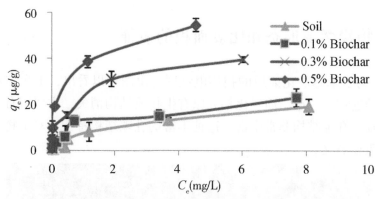

图 12-2 2, 4-D 在不同生物炭施入量土壤中的等温吸附曲线 （25℃）

Figure 12-2 Adsorption isotherms for 2, 4-D spiked soil with biochar （T=25℃）

表 12-4 2, 4-D 在施入生物炭土壤中的等温吸附拟合结果

Table 12-4 Isotherm models fitting to adsorption data of 2, 4-D

吸附剂	Langmuir			Freundlich			Redlich-Peterson			
	K_1	Q_m	r^2	K_f	n	r^2	a	b	D	r^2
土壤	0.510	20.830	0.665	3.940	0.780	0.817	0.011	0.709	0.805	0.967
土壤+0.1% biochar	0.870	25.730	0.759	7.780	0.650	0.980	0.031	2.083	0.746	0.998
土壤+0.3% biochar	1.840	41.460	0.947	21.730	0.430	0.989	0.530	11.388	0.781	0.959
土壤+0.5% biochar	3.410	58.820	0.982	32.760	0.530	0.983	0.546	13.055	0.817	0.983

注：r^2 表示相关系数。

从图 12-2 中可以看出，在平衡浓度 0~10mg/L 的范围内，土壤中添加生物炭的含量越高，对 2, 4-D 的吸附能力越强。2, 4-D 在施入生物炭土壤中的吸附与 Freundlich 方程和 Redlich-Peterson 方程拟合都有较好的相关性。同时，2, 4-D 在土壤中的吸附与 Langmuir 方程拟合的相关性也随着生物炭投入量的增多而逐渐增强。由于 Langmuir 方程基于吸附剂表面均匀的假设，这一结果说明随着土壤中生物炭的增加，生物炭提供了更多均匀的吸附点位。在未添加生物炭的条件下，土壤对 2, 4-D 的吸

附作用较差，最大吸附量 Q_m 为 20.83μg/g，吸附作用主要由土壤中的有机质所主导。随着生物炭的投入，3 种等温吸附方程中表示吸附强度的常数（K_L, Q_m, K_f, a, b）均变化明显。生物炭质量分数增加到 0.5% 时，最大饱和吸附量 Q_m 和吸附常数 K_f 分别达到了 58.82μg/g 和 32.76μg/g，生物炭对土壤中 2,4-D 的吸附逐渐起主导作用。此外，Freundlich 方程中表示线性的常数 n 也随着生物炭的增加出现下降的趋势，这可能由于生物炭独特而复杂的理化性质而使得 2,4-D 在土壤中的吸附变得错综复杂，吸附过程受到多种作用机制驱动（Yu, et al., 2009）。

12.4 2,4-D 在施入生物炭土壤中的吸附形式

有机物污染物在土壤中的吸附过程受多种吸附机制影响，如疏水性吸附、离子交换和配位交换等，而分子态有机物在土壤中吸附作用的强弱受土壤有机质含量高低的决定（Li, et al., 2003）。前面的试验数据表明，随着生物炭的施入，2,4-D 在土壤中的吸附更多的表现为在生物炭表面上的积累和汇集过程，即土壤对 2,4-D 吸附作用由生物炭所主导。试验引入土壤吸附系数和吸附自由能来研究 2,4-D 在施入生物炭的土壤中的吸附程度与机制。

$$\Delta G = -RT\ln K_{oc}; \quad K_{oc} = 100\frac{K_d}{OC}$$

式中，K_{oc} 为土壤有机碳吸附系数；OC（%）为土壤或沉积物中有机碳的百分比，由于试验是在实验室条件下进行的平衡吸附试验，反应时间有限，忽略生物炭对土壤有机质含量的长期影响，即 OC 值取供试自然土壤的有机质含量，为 15.45 mg/kg；K_d 为吸附方程回归计算得出的吸附常数；ΔG 为吸附时自由能变化（kJ/mol）；R 为摩尔气体常数，数值为 8.31J/（mol·K），T 为温度（K）。3 种生物炭处理土壤和对照土壤吸附 2,4-D 自由能的变化列于表 12-5。

表 12-5 土壤吸附 2,4-D 自由能的变化
Table 12-5 Changes of free energy of 2,4-D adsorption in soils

土壤	K_d	K_{oc}	$-\Delta G$（kJ/mol）
自然土壤	3.94	262.67	13.75
土壤+0.1%生物炭	7.78	518.66	15.48
土壤+0.3%生物炭	21.73	1448.56	18.02
土壤+0.5%生物炭	32.76	2184.60	19.04

土壤吸附自由能的变化是土壤吸附性能的重要参考指标，通过数值变化的大小可以推断土壤对有机物吸附的程度与机制。ΔG 小于 40kJ/mol 时，物理吸附占主导，反之为化学吸附占主导。由表 12-5 可知，施入生物炭处理的土壤的 K_d、K_{oc} 和吸附

自由能变化的绝对值都明显高于对照土壤。其中 3 种生物炭处理土壤的 K_{oc} 分别为自然土壤的 1.97 倍、5.51 倍和 8.31 倍，但吸附自由能的变化均小于 $40kJ/mol$，说明施入生物炭的土壤对 2,4-D 的吸附仍然是以物理吸附为主。值得注意的是，随着生物炭施入量的增加，吸附自由能变化呈现出升高的趋势，说明化学吸附的强度也随着生物炭的增加而增强，这可能与未完全炭化的生物炭表面一些含氧、磷、硫、氮的官能团与 2,4-D 分子形成一些特定的配合物有关（Zhang, et al., 2012）。

一般来说，生物炭对有机污染物的吸附机制主要包括分配作用和表面吸附作用，同时也包括其他一些微观吸附机制。分配作用主要表现为等温吸附曲线呈线性弱的溶质吸收和非竞争吸附。在未添加生物炭的土壤中，2,4-D 等温吸附曲线的线性较明显，根据 Chiou（2002）提出的线性分配理论，非离子有机物吸附到土壤是有机物分配到有机质中，而与表面积无关。随着生物炭施入量的增加，吸附试验中出现了大量的非线性吸附现象，而表面吸附作用的提出在一定程度上解释了这种现象。表面吸附是产生于分子和原子间微弱的物理吸附作用或化学吸附作用，使某些分子黏着在吸附剂表面的一个过程。如果吸附剂与吸附质之间是通过范德华力而发生的吸附作用，通常称之为物理吸附。吸附剂与吸附质之间由于化学键（如氢键、配位键和 π 键等）而产生化学作用而引起的吸附，称为化学吸附。本试验中采用的生物炭由玉米芯高温热解制备而成，除具备较大的比表面积和含碳比外，还包括羧基酚羟基酸酐等多种基团，有机物或离子与这些官能团之间可能形成稳定的化学键，从而导致不可逆吸附。如典型的 π 键作用产生的化学吸附，生物炭的基本特征是具有高度芳香性，富含 π 电子，可作为电子供体与其他接触的电子受体物质发生 π-π 电子作用。2,4-D 含有芳香 π 电子，即能与高度芳香化的生物炭形成 π-π 键，通过 π 电子供体-受体特殊作用吸附在生物炭表面（Li, et al., 2011）。吸附机制对生物炭的非线性吸附起着重要的作用，在一定程度上弥补了分配机制的局限性。

12.5 2,4-D 在施入生物炭土壤中的吸附动力学研究

Xing et al.（1997）提出的有机质扩散理论认为一些吸附剂由"玻璃态"和"橡胶态"两个区域构成，吸附行为与"玻璃态"和"橡胶态"高分子化合物的吸附行为类似，吸附质在致密的"玻璃态"上吸附速度与不均匀的"橡胶态"区域相比吸附速度慢。土壤中对快速吸附质的吸附主要是由于土壤矿质颗粒表面吸附或扩散进入"橡胶态"区域，而对慢速吸附质的吸附则主要由附着在吸附剂表面的吸附质缓慢扩散到土壤有机质缝隙中和"玻璃态"区域内部的微孔中。供试生物炭是一种致密结构的多孔性物质，比表面积为 $410m^2/g$，远大于土壤比表面积。土壤中添加生物炭后的微孔数量和比表面积显著增大，增加了土壤中"玻璃态"结构区域体积，增强了土壤对 2,4-D 的吸附作用。同时，表面吸附作用发生后，由于生物炭微孔中有多余的可吸附点位，2,4-D 会可继续缓慢扩散到其微孔内部，表现为"玻璃

态"区域中的慢吸附作用增强。

由于施入生物炭的土壤对 2,4-D 的吸附包含物理吸附和化学吸附，本试验采用 Lagergren 一级动力学模型和准二级动力学模型对试验数据进行拟合，试验结果见图 12-3。

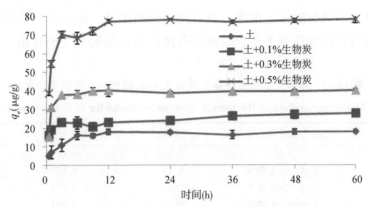

图 12-3　2,4-D 在添加生物炭土壤中的吸附动力学

Figure 12-3　Sorption kinetic of 2,4-D on the soils amended with biochar

Lagergren 一级动力学模型是基于假定吸附受扩散步骤控制，吸附速率正比于平衡吸附量与 t 时刻吸附量的差值，其速率方程为：

$$\log(q_e - q_t) = \log q_e - \frac{k_1}{2.303}t$$

准二级动力学模型，是基于假定吸附速率受化学和物理吸附机理的控制，其中化学吸附涉及吸附剂与吸附质之间的电子共用或电子转移。其模型公式如下：

$$\frac{t}{q_t} = \frac{1}{k_2 q_e^2} + \frac{t}{q_e} = \frac{1}{v_0} + \frac{t}{q_e}$$

式中，q_e（μg/g）为平衡吸附量，q_t（μg/g）表示时间 t 的吸附量，k_1（h⁻¹）和 k_2 [g/（μg·h）] 表示一级和二级动力学吸附速率常数，v_0 [μg/（h·g）] 为初始吸附速率。

由图 12-3 可知，空白对照土壤和添加生物炭的土壤，对 2,4-D 的吸附量均随平衡时间延长而逐渐增加。吸附初始阶段，添加生物炭的土壤与对照土壤相比，具有较快的吸附速率；至 24h 后，土壤对 2,4-D 的吸附量随平衡时间延长增加趋于平缓，基本达到吸附平衡状态。

一级动力学、伪二级动力学速率方程拟合结果见表 12-6 和表 12-7：伪二级速率方程对土壤吸附 2,4-D 的动力学过程拟合效果较好（$r^2 > 0.9966$），明显优于一级动力学速率模型，吸附速率 v_0 随着生物炭投入量的增加呈现出明显上升趋势。

一般来说，多孔吸附剂的吸附过程分为 3 个阶段。第一阶段被称为外扩散，在这一时期溶液中的吸附质从溶液被吸附到吸附剂表面，吸附初期土壤表面的吸附点位较多，2,4-D 容易与之结合，而且固液界面的浓度差较大，驱动力也较大，更容易克服吸附质在液相和固相之间的传递阻力，从而使得吸附反应速度较快；第二阶段为粒内扩散，这期间吸附质从吸附剂表面进一步向内部吸附点位扩散，随着吸附时间的延长，吸附剂表面的吸附点位逐渐饱和，固液界面的浓度梯度逐渐降低，吸附速率也随之降低（Chen, et al., 2004）；在第三阶段，吸附质被吸附剂的活性位点所吸附，这一部分吸附发生很快，通常可以忽略不计。由于第一阶段通常发生很快，几乎在数分钟内就达到平衡，因而酚类化合物在吸附剂上的吸附可能是由第二阶段控制的。

表 12-6 不同生物炭添加量土壤对 2, 4-D 吸附的一级动力学参数

Table 12-6 Kinetic parameters of the pseudo-first-order model for 2, 4-D adsorption on the soils

吸附质	吸附剂	q_e（μg/g）	一级动力学参数 k_1（h^{-1}）	r^2
2, 4-D	土壤	7.10	0.071	0.7346
	土+0.1%生物炭	9.33	0.052	0.9071
	土+0.3%生物炭	13.48	0.075	0.6708
	土+0.5%生物炭	20.42	0.081	0.5254

表 12-7 不同生物炭添加量土壤对 2, 4-D 吸附的二级动力学参数

Table 12-7 Kinetic parameters of the pseudo-second model for 2, 4-D adsorption on the soils.

吸附质	吸附剂	二级动力学参数			
		q_e（μg/g）	V_0[μg/(h·g)]	k_2[g/(μg·h)]	r^2
2, 4-D	土壤	18.24	332.99	0.039	0.9971
	土+0.1%生物炭	27.93	780.25	0.023	0.9966
	土+0.3%生物炭	40.16	1612.88	0.067	0.9998
	土+0.5%生物炭	78.74	6200.01	0.029	0.9997

值得注意的是，吸附试验是模拟短期效应试验，吸附平衡后即停止试验，即未考查生物炭的施入对土壤有机碳含量的影响。然而由于长期的水土作用和土壤中微生物的活动，土壤中施入生物炭会提高土壤有机质含量：一方面，生物炭的施入会使土壤中原有有机碳的矿化量减少，生物炭本身还可以缓慢地分解为有机碳，促进土壤腐殖质的形成；另一方面，生物炭吸附土壤中的有机分子，通过表面催化作用推动有机分子的团聚，形成土壤有机质。而在大田试验和长期效应实验中，随着时间的推移，生物炭施入土壤后会发生老化和影响土壤有机质含量，吸附机理等研究仍然有待进一步探讨与解决。

12.6 pH 对施入生物炭土壤吸附 2, 4-D 的影响

2, 4-D 作为一种弱酸性有机酸，在溶液中存在如下的电离平衡：

$$C_7H_5Cl_2-COOH \Longleftrightarrow C_7H_5Cl_2-COO^- + H^+$$

土壤 pH 的改变会影响 2, 4-D 分子形态的比例，进而影响 2, 4-D 在土壤中吸附

作用的强度。实验用 0.1% NaOH 和 0.1% H₂SO₄ 调整溶液 pH 为 1.6，2.4，3.1，
4.4，6.6，7.9，引用 Freundlich 方程回归算出不同条件下的 K_d 和土壤有机碳吸附
系数 K_{oc}，讨论其与 pH 的关系。

由表 12-8 可以看出，2,4-D 在土壤变化 pH 情况下的等温吸附用 Freundlich 方
程拟合结果仍然较好，r^2 均大于 0.95。pH 影响 2,4-D 在施入生物炭土壤中的吸附，
随着 pH 的升高，吸附常数 K_d 和 K_{oc}（图 12-4）呈现出先升高后降低的趋势，在 pH
为 3.1 左右时出现最高点。这可能是由于 2,4-D 在 pH 较低时主要以分子形态存在
于溶液中，pH 越低，分子形态所占的比重越大，参与生物炭吸附过程的量越多，而
当 pH 持续降低时，生物炭表面会富集大量的 H⁺ 离子而对 2,4-D 分子产生竞争吸
附。当溶液 pH 超过 6.7，KOC 值急剧下降，更多的 2,4-D 电离为离子态，土壤对
2,4-D 的吸附量降低，同时生物炭表面聚集的大量负电荷也阻碍了其对 2,4-D 的
吸附。

表 12-8　不同 pH 下 2,4-D 等温吸附的拟合结果

Table 12-8　Freundlich models fitting to adsorption data of 2,4-D under varying pH value condition

pH	Freundlich 方程常数			
	K_d	K_{OC}	n	r^2
1.6	18.8	1256.6	0.33	0.96
2.4	39.2	2620.3	0.50	0.98
3.1	44.5	2974.5	0.61	0.98
4.4	40.2.	2687.1	0.47	0.99
6.7	32.7	2184.6	0.53	0.98
8.1	20.3	1356.9	0.46	0.95

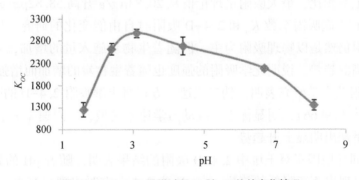

图 12-4　2,4-D 吸附过程 K_{oc} 随 pH 值的变化情况

Figure 12-4　Effect of pH value on Kocvaluein 2,4-D adsorption

12.7　温度对施入生物炭土壤吸附 2,4-D 的影响

实验通过调整水浴温度为 20℃，25℃，30℃，35℃，40℃，考查生物炭质量比
为 0.5% 的土壤对 2,4-D 的吸附情况。结果如图 12-5 所示。由图可知，从 20~40℃，

K_{oc} 随着反应温度的升高而明显升高。温度超过 30℃，K_{oc} 数值更加急剧上升，说明温度对施入生物炭土壤有机碳吸附系数影响显著。温度的升高除了通过加速分子热运动而提高生物炭对 2,4-D 的物理吸附速率，还为反应过程提供了更多的能量，促进了生物炭表面官能团与有机物之间稳定化学键的形成，提高了吸附效果。

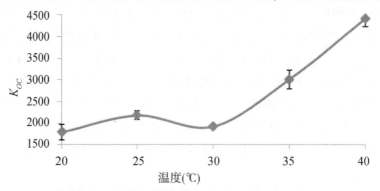

图 12-5　2,4-D 吸附过程 K_{oc} 随温度的变化情况

Figure 12-5　Effect of reaction temperatureon Kocvalue in 2, 4-D adsorption

12.8　结论

（1）以玉米芯生物炭施入的土壤为研究对象，2,4-D 在其中的吸附与 Freundlich 方程和 Redlich-Peterson 方程拟合都有较好的相关性，r^2 均大于 0.95；2,4-D 在土壤中的吸附与 Langmuir 方程拟合的相关性也随着生物炭投入量的增多而逐渐增强。与对照土壤相比，最大吸附量理论值从 20.83μg/g 升高 58.82μg/g。

（2）对有机碳吸附系数 K_{oc} 和 2,4-D 吸附时自由能变化的研究表明，生物炭对 2,4-D 的吸附仍然是以物理吸附为主，但随着生物炭施入量的增加，吸附自由能变化呈现出升高的趋势，说明化学吸附的强度也随着生物炭的增加而增强。

（3）吸附动力学研究表明，伪二级速率方程对土壤吸附 2,4-D 的吸附过程拟合效果较好（$r^2>0.9966$），明显优于一级动力学速率模型，吸附速率 v_0 随着生物炭投入量的增加呈现出明显上升趋势。

（4）不同环境因素对土壤中 2,4-D 吸附的结果表明，随着 pH 的升高，吸附常数 K_d 和 K_{oc} 呈现出逐渐降低的趋势，在 pH 为 3.1 左右时出现最高点，但过低的 pH 会使生物炭表面富集大量的 H^+ 离子而对 2,4-D 分子产生竞争吸附；温度对 2,4-D 吸附过程的影响也很显著，具体表现在随着温度的升高，土壤对 2,4-D 的吸附量和吸附速率 v_0 呈现出明显上升的趋势，吸附量从 20℃ 的 74.0μg/g 升高到 40℃ 的 91.3μg/g，提高了 25.5%；初始吸附速率也从 20℃ 的 5993.3［μg/（h·g）］增加到 40℃ 的 8772.4［μg/（h·g）］。

参考文献

[1] AL-WADAEY, A, WORTMANN, C S, FRANTI, T G, SHAPIRO, C A, EISENHAUER, D E. Effectiveness of grass filters in reducing phosphorus and sediment runoff [J]. Water Air Soil Pollut, 2012, 223: 5865-5875.

[2] BAILEY V L, FANSLER S J, SMITH J L, et al. Reconciling apparent variability in effects of biochar amendment on soil enzyme activities by assay optimization [J]. Soil Biology and Biochemistry, 2011, 43: 296-301.

[3] BAKAVOLI, SABZEVARI, RAHIMIZADEH. H-Y-zeolites induced heterocyclization: Highly efficient synthesis of substituted-quinazolin-4 (3H) ones under microwave irradiation [J]. Chinese Che mical Letters, 2007, 18 (5): 533-535.

[4] BALINOVA, A. M., M. MONDESKY. Pesticide contamination of ground and surface water in Bulgarian Danube plain [J]. Enviro. Sci. Health Part B, 1999, 34: 33-46.

[5] BECHMANN M E, KLEINMAN P J A, SHARPLEY A N, et al. Freeze-thaw effects on phosphorus loss in runoff froin manured and catch-cropped soils [J]. Journal of Environmental Quality, 2005, 34 (6): 2301-2309.

[6] BENOIT P, BARRIUSO et al. Isoproturon movement and dissipation in undisturbed soil cores from a grassed buffer strip [J]. Agronomic. 2001, 20: 297-307.

[7] BHARATI L, LEE K H, ISENHART T M, et al. Soil-water infiltration under crops, pasture, and established riparian buffer in Midwestern USA [J]. Agroforestry Systems, 2002, 56 (3): 249-257.

[8] BIEDERMAN L A, HARPOLE W S. Biochar and its effects on plant and nutrient cycling: a meta-analysis [J]. GCB Bioenergy, 2012, 5 (2): 202-214.

[9] BOERS P C M. Nutrient emissions from agriculture in the nether-lands, causes and remedies [J]. Water Science and Technology, 1996, 33 (4/5): 183-189.

[10] BOM M, OPPENHEIMER R. Zur Quantentheorie der Molekeln [J]. Annalen der Physik, 1927, 389 (20): 457-484.

[11] BORGA P, NILSSON M., TUNLID A. Bacterial communities in peat in relation to botanical composition as revealed by phospholipids fatty acid analysis [J]. Soil Biology and Bioehemistry, 1994, 17: 841-848.

[12] BORIN M, VIANELLO M, MORARI F, ZANIN G. Effectiveness of buffer strips in removing pollutants in runoff from a cultivated field in North-East Italy. Agric [J]. Ecosyst. Environ, 2005, 105: 101-114.

[13] CARLING P A, IRVINE B J, HILL A, WOOD M. Reducing sediment inputs to Scottish streams: areview of the efficacy of soil conservation practices in upland forestry [J]. Sci. Total Environ, 2001, 265: 209-227.

[14] CASTELLE A J, JOHNSON A W, CONOLLY C. Wetland and stream buffer size requirements-a review [J]. Journal of Environmental Quality, 1994, 23: 878-882.

[15] CHEN J L, FU L L, ZHANG A G. Controlling effects of forest belts on non-point source pollution of agricultural lands in Taihu Lake area, China [J]. Journal of Forestry Research, 2002, 13 (3): 213-216.

[16] CHIOU C T. Partition and adsorption of organic contaminants in environmental system [M]. John Wiley & Sons, Inc, Hoboken, New Jersey, USA, 2002: 274.

[17] CLAUSEN J C, GUILLARD K, SIGMUND C M, DORS K M. Water quality changes from riparian buffer restoration in Connecticut [J]. J. Environ. Qual, 2000, 29: 1751-1761.

[18] COLEMAN J, HENCH K, GARBUTT K, et al. Treatment of domestic wastewater by three plant species in constructed wetlands [J]. Water Air and Soil Pollution, 2001, 128 : 283-295.

[19] COOPER A B. Nitrate depletion in the riparian zone and stream channel of a small headwater catchment [J]. Hydrobiologia, 1990, 202: 13-26.

[20] CORREL D L. Principles of planning and establishment of buffer zones [J]. Ecological Engineering, 2005, 24: 433-439.

[21] CULLEY J L, BOLTON E F. Suspended solids and phosphorus loads from a clay soil: II. Watershed study [J]. J. Environ. Qual, 1983, 12: 498-503.

[22] DABNEY L D. Depositional patterns of sediment trapped by grass filter strips during simulated [J]. Transactions of the American Society of Agricultural Engineers, 1995, 38 (6): 1719-1729.

[23] DANIELS R B, GILLIAM J W. Sediment and chemical load reduction by grass and riparian filters [J]. Soil Science Society of America Journal, 1996, 60 (1): 246-251.

[24] DEEPTHI N, MANINMANI H K. Co-metanolic degradation ofdichloro diphenyl trichloroethane by a defined microbialconsortium [J]. Research Journal of Environmental Toxicology, 2007, 1 (2): 85-91.

[25] DELGADO A N, PERIAGO E L. Vegetated filter strips for wastewater purification: a review [J]. Bioresource Technology, 1995, 5: 113-122.

[26] DENNIS F W. Ecological issues related to wetland preservation, restoration, creation and assessment [J]. The Science of the Total Environment, 1999, 240: 31-40.

[27] DILLAHA T A, RENEAU R B, MOSTAGHIMI S, LEE D. Vegetative filter strips for agricultural nonpoint source pollution control [J]. Transactions of the ASAE, 1989, 32 (2): 513-519.

[28] DOMBEK T, DOLAN E, SCHULTZ J. Rapid reductive dechlorination of atrazine by zero-valent iron under acidic conditions [J]. Environ Pollut, 2001, 111 (1): 21-27.

[29] DOSSKEY M G, HOAGLAND K D, BRANDLE J R. Change in filter strip performance over ten years [J]. Journal of Soil and Water Conservation, 2007, 62 (1): 21-32.

[30] DUCHEMIN M, HOGUE R. Reduction in agricultural non-point source pollution in the first year following establishment of an integrated grass/tree filter strip system in southern Quebec (Canada) [J]. Agr. Ecosyst. Environ, 2009, 131: 85-97.

[31] EEWARDS L M, BURNEY J R, FRAME P A. Rill Sediment Transport on a Prince-Edward-Island (Canada) Fine Sandy Loam [J]. Soil Technology, 1995, 8 (2): 127-138.

[32] EGHBALL B. Narrow grass hedge effects on phosphorus and nitrogen in run off following manure and fertilizer application [J]. Journal of soil and water conservation, 2000, 55 (2): 172-176.

[33] FENNESSY M S, CRONK J K. The effectiveness and restoration potential of riparian ecotones for the management of nonpoint source pollution, particularly nitrates [J]. Critical Reviews in Environmental Science and Technology, 1997, 27: 285-317.

[34] FERRICK M G, GATTO L W. Quantifying the effect of a freeze-thaw cycle on soil erosion: laboratory ex-

periments [J]. Earth Surface Processes and Landforms, 2005, 30 (10): 1305-1326.

[35] FITZHUGH R D, DRISCOLL C T, GROFFMAN P M, et al. Effects of soil freezing disturbance on soil solution nitrogen, phosphorus, and carbon chemistry in a northern hardwood ecosystem [J]. Biogeochemistry, 2001, 56: 215-238.

[36] TUNLID A, BÅÅth E. Phospholipid fatty acid composition, biomass, and activity of microbial communities from two soil types experimentally exposed to different heavy metals [J]. Applied Environment Microbiology, 1993, 59: 3605-3617.

[37] GONG Z M, TAO S, XU F L. Level and distribution of DDT in surface soils from T ianjin, China [J]. Chem osphere, 2004, 54: 1247-1253.

[38] GROSSMAN J M, THIES J E. Amazonian Anthrosols Support Similar Microbial Communities that Differ Distinctly from Those Extant in Adjacent, Unmodified Soils of the Same Mineralogy [J]. Microbial Ecology, 2010, 60 (1): 192-205.

[39] HALL J C, Enzymeimmunoassay-based survey of precipitation and surface water for the presence of atrazine, metolachlor and 2,4-D [J]. J. Enviro. Sci. Health Part B. 1993. 28: 577-598.

[40] HAN X M, WANG R Q, LIU J, et al. Effects of vegetation types on soil microbial community composition and catabolic diversity assessed by polyphasic methods in North China [J]. Journal of Environmental Sciences, 2007, 19 (10): 1228-1234.

[41] HARFORD J A, HALLORAN K, WRIGHT F A P. The effects ofin vitro pesticide exposures on the phagocytic function offour native Australian freshwater fish [J]. Aquatic Toxicology, 2005, 75 (4): 330-342.

[42] HAYES J C, BARFIELD B J, BARNHISEL R I, Filtration of sed-iments by simulated vegetation. Part II: unsteady flow with non-homogeneous sediment [J]. Trans. Am. Soc. Agric. Eng, 22: 1063-1067.

[43] HE N, LI P, ZHOU Y, et al. Degradation of pentachlorobiphenyl by a sequential treatment using Pd coated iron and an aerobic bacterium (H1) Chemosphere [R]. 2009, 76 (11): 1491-1497.

[44] HEATHWAITE A L, GRIFFITIIS P, PARKINSON R J. Nitrogen and phosphorus in runoff from grassland with buffer strips following application of fertilizers and manures [J]. Soil Use and Management, 1998, 14: 142-148.

[45] HEFTING M M, CLEMENT J C, BIENKOWSKI P, et al. The role of vegetation and litter in the nitrogen dynamics of riparian buffer zones in Europe [J]. Ecological Engineering, 2005, 24 (5): 465-482.

[46] HILL A R. Nitrate removal in stream riparian zones [J]. Journal of Environmental Quality, 1996, 25: 743-755.

[47] HILL R R, JUNG G A. Genetic variability for chemical composition of alfalfa [J]. I. Mineral elements. Crop Science, 1975, 15: 652-657.

[48] HUXMAN T E, WILCOX B P, BRESHEARS D D, et al. Ecohydrological implications of woody plant encroachment [J]. Ecology, 2005, 86 (2): 308-319.

[49] JAMIESON A, MADRAMOOTOO C A, ENGRIGHT P. Phosphorus losses in surface and subsurface runoff from a snowmelt event on an agricultural field in Quebec [J]. Canadian Biosystems Engineering, 2003, 45: 1-7.

[50] JASEN T, KEVIN T, ESTNER S, ANDREA K, DON N. Spring snowmelt impact on phosphorus addition to surface runoff in the Northern Great Plains [J]. Better Crops, 2011, 95 (1): 28-31.

[51] Jiaxi TANG, Lina SUN, Tieheng SUN, Hongling ZHANG. Removal of agricultural non-point source pol-

lutants by riparian vegetated filter strips from upstream of Liao River, China [J]. Journal of Food, Agriculture & Environment, 2013, 11 (3&4): 2152-2159.

[52] JOHNSON D, VANDENKOORNHUYSE P J, LEAKE J R, et al. Plant communities affect arbuscular mycorrhizal fungal diversity and community composition in grassland microcosms [J]. New phytologist, 2004, 161: 503-515.

[53] JONES D L, EDWARDS J G, MURPHY D V. Biochar mediated alterations in herbicide breakdown and leaching in soil [J]. Soil biology &Biochemistry, 2011, 43 (4): 804-813.

[54] KANTHASAMY A G, KITAZAWA M, KANTHASAMY A. Dieldrininduced neurotoxicity: relevance to Parkinson's disease pathogenesis [J]. Neurotoxicology, 2005, 26 (4): 701-719.

[55] KEI MIZUTA TOSHITATSU MATSUMOTO; YASUO HATATE; et al. Removal of nitrate-nitrogen from drinking water using bamboo powder charcoal [J]. Bioresource Technology, 2004, 95 (3): 255-257.

[56] KELLOGG D Q, GOLD A J, GROFFMAN P M, et al. Riparian ground-water flow patterns using flownet analysis: Evapotranspiration-induced upwelling and implications for N removal [J]. Journal of the American Water Resources Association, 2008, 44 (4): 1024-1034.

[57] KELLY J M, KOVAR J L, SOKOLOWSKY R, et al. Phosphorus uptake during four years by different vegetative cover types in a riparian buffer [J]. Nutrient Cycling in Agroecosystems, 2007, 78 (3): 239-251.

[58] KIM I J, STACY L, Hutchinson J M. Shawn Hutchinson, and C. Bryan Young, Riparian Ecosystem Management Model: Sensitivity to Soil, Vegetation, and Weather Input Parameters [J]. Journal of the American Water Resources Association, 2007, 43 (5): 1171-1182.

[59] KONG L, WANG Y B, ZHANG L N, et al., Enzy meand root activities in surface-flow construted wetlands [J]. Chemosphere, 2009, 76: 601-608.

[60] KOURTEV P S, EHRENFELD J G, HÅGGELOM M., Exotic plant species alter the microbial community structure and function in the soil [J]. Ecology, 2002, 83 (11): 3152-3166.

[61] KRONVANG B, GRSBOLL P, LARSEN S E, et al., Diffuse nutrient lossesin denmark [J]. Water Science and Technology, 1996, 33 (4/5): 81-88.

[62] KUMARI R, SUBUDHI S, SUAR M, et al. Cloning and charac-erization of Lin genes responsible for the degradation ofhexachlorocyclohexane isomers by Spingomonas paucimobilis strain B90 [J]. Applied and Environmental Microbiology, 2002, 68 (12): 6021-6028.

[63] LAIRD D, FLEMING P, WANG B Q, et al. Biochar impact on nutrient leaching from a Midwestern agricultural soil [J]. Geoderma, 2010, 158 (3-4): 436-442.

[64] LEE K H, ISENHART T M, SCHULTZ R C. Sediment and nutrient removal in an established multi-species riparian buffer [J]. J. Soil Water Conserv. 2003, 58: 1-7.

[65] LEE K H, ISENHART T M, SCHULTZ R C, MICKELSON S K. Nutrient and sediment removal by switch grass and cool-season grass filter strips in Central Iowa, USA [J]. Agroforestry Syst. 1999, 44: 121-132.

[66] LEE K H, ISENHART T M, SCHULTZ R C, MICKELSON S K. Multi-species riparian buffers trap sediment and nutrients during rainfall simulations [J]. J. Environ. Qual. 2000, 29 (4): 1200-1205.

[67] LEE D, et al. Modeling phosphorus transport in grass buffer strips [J]. J. Environ. Eng, 1989, 115: 409-427.

[68] LEONARD R A. Movement of pesticides into surface waters [J]. Pesticide in the soil environment :

Process, impact and modeling. SSSA, Madison, WI. 1990: 303-349.

[69] LEWIS W M, GRANT M C. Relationships between snow cover and winter losses of dissolved substances from a mountain watershed [J]. Arctic and Alpine Res, 1980, 12: 11-17.

[70] LI J, ZHANG G, QI S H, et al. Concentrations, enantiomeric compositions and sources of HCH, DDT and chlordane in soils from the Pearl River Delta, South China [J]. Science of the Total Environment, 2006, 372: 215-224.

[71] LIEN H L., ZHANG W X. Nanoscale Pd/Fe bimetallic particles: catalytic effects of palladium on hydro-dechlorination. Appl. Catal [J]. B: Environ, 2007, 77 (1-2): 110-116.

[72] LIU X M, ZHANG X Y, ZHANG M H. Major factors influencing the efficacy of vegetated buffers on sedment trapping: A review and analysis [J]. Journal of Environmental Quality, 2008, 37 (5): 1667-1674.

[73] LIU X, ZHANG X, ZHANG M. Major factors influencing the effiencacy of vegetated buffers on sediment particles trapping: a review and analysis [J]. Journal of Environmental Quality, 2008, 37: 1667-1674.

[74] LOU L P, WU B B, WANG L N, et al. Sorption and ecotoxicity of pentachlorophenol polluted sediment amended with rice-straw derived biochar [J]. Bioresource Technology, 2011, 102 (5): 4036-4041.

[75] LOWRANCE R R, TODD R L, FAIL J, et al. Riparian forests as nutrient filters in agricultural watersheds [J]. Bioscience, 1984, 34 (8): 374-377.

[76] MAITRE V, COSANDEY A C, DESAGHER E, et al. Effectiveness of groundwater nitrate removal in a river riparian area: the importance of hydrogeological conditions [J]. Journal of Hydrology, 2003, 278 (1-4): 76-93.

[77] MAMDER U, KUUSEMETS V, KRISTA L. Efficiency and dimensioning of riparian buffer zones in agricultural catchments [J]. Ecological Engineering, 1997, 8 (1): 299-324.

[78] MANKIN K R, NGANDU D M, et al. Grass-shrub Riparian Buffer Removal of Sediment, Phosphorus and Nitrogen from Simulated Runoff [J]. Journal of the American Water Resources Association, 2007, 43 (5): 1108-1116.

[79] MARIET M. The role of vegetation and litter in the nitrogen dynamics of riparian buffer zones in Europe [J]. Ecological Engineering, 2005, 24: 465-482.

[80] MAURIZIO B, MICHELA S. Effects of five macrophytes on nitrogen remediation and mass balance in wetland mesocosms [J]. Ecological Engineering, 2012, 46: 34-42.

[81] MICHAEL I B, CHRISTOPHER M W. Algal biochar-production and properties [J]. Bioresource and Technology, 2011, 102: 1886-1891.

[82] MULHOLLAND P J. The importance of in-stream uptake for regulating stream concentrations and outputs of N and P from a forested watershed: evidence from long-term chemistry records for Walker Branch Watershed [J]. Biogeochemistry, 2004, 70 (3): 403-426.

[83] MUSCUTTS A D, HARRIS G L, BAILEY S W, et al. Buffer zones to improve water quality: a review of their potential use in UK agriculture [J]. Agriculture, Ecosystems, and Environment, 1993, 45: 59-77.

[84] N. BOUJELBEN, J. BOUZID, Z. ELOUEA, et al. Montiel. Phosphorus removal from aqueous solution using iron coated natural and engineered sorbents [J]. Journal of Hazardous Materials. 2008, 151 (1): 103-213.

[85] NAIMAN R J, DECAMPS H, POLLOCK M. The role of riparian corridors in maintaining regional biodiversity [J]. Ecology, 1993, 3: 309-312.

[86] NOVOTNY V, OLEM N. Water quality: prevention, identification and management of diffusepollution

[J]. New York: Van Nostrand Reihold Company, 1993: 2.

[87] GROSSMAN J, TSAI M T, et al. Bacterial community composition in brazilian anthrosols and adjacent soils characterized using culturing and molecular identification [J]. Microbial Ecology, 2009, 58: 23-35.

[88] WILKINSON S G. Gram-positive bacteria [R]. 1988: In Microbial Lipids. Vol 1. Academic Press, London, 117-202.

[89] OWENS P N, DUZANT J H, DEEKS L K, et al. Evaluation of contrasting buffer features within an agricultural landscape for reducing sediment and sediment associated phosphorus delivery to surface waters [J]. Soil Use Manage, 2007, 23: 165-175.

[90] PAKNIKAR K M, NAGPAL V, PETHKAR A V. Degradation of lindane from aqueous solutions using iron sulfide nanoparticles stabilized by biopolymers [J]. Scie Technol Adv Mat , 2005, 6: 370-374.

[91] PAN C Z, SHANGGUAN Z P, Runoff hydraulic characteristics and sediment generation in sloped grassplots under simulated rainfall conditions [J]. Journal of Hydrology 2006, 331: 178-185.

[92] PATTY L, REAL B, GRIll J J. The use of grassed buffer strips to remove pesticides, nitrate and soluble phosphorus compounds from runoff water [J]. Pesticide Science, 1997, 49: 243-251.

[93] PERDEW J P, SCHMIDT K. Jacob's ladder of density functional approximations for the exchange-correlation energy [J]. AIP Conference Proceedings, 2001, 577: 1-20.

[94] PETERJOHN W T, CORREL D L. Nutrient dynamics in an agricultural watershed: Observations of the role of a riparian forest [J]. Ecology, 1984, 65 (5): 1466-1475.

[95] PING NING HANS-J B, B. LI, XIWU LU, YONG ZHANG. Phosphate removal from wastewater by model-La (III) zeolite adsorbents [J]. The Journal of Environmental Sciences, 2008, 20 (6): 670-674.

[96] REDDY K R, DANGELO E M. Biogeochemical indicators to evaluate pollutant removal efficiency in Constructed wetlands [J]. Watt Sic Tech, 1997, 35 (5): 1-10.

[97] ROBERTS W M, Stutter M I, HAYGARTH P M. Phosphorus retention and remobilization in vegetated buffer strips: a review [J]. J. Environ. Qual, 2012, 41: 389-399.

[98] ROBLES-GONZáLEZ I, RíOS-LEAL E, FERRERA-CERRATO R, et al. Bioremediation of a mineral soil with high contents of clay and organic matter contaminated with herbicide 2, 4-dichlorophenoxyacetic acid using slurry bioreactors: Effect of electron acceptor and supplementation with an organic carbon source [J]. Process Biochemistry, 2006, 41 (9): 1951-1960.

[99] ROGERS K H, BREEN A J, CHICK A J. Nitrogen removal in experimental wetland treatment systems: evidence for the role of aquatic plants [J]. Research Journal of the Water Pollution Control Federation, 1991, 63 (7): 934-941.

[100] RONVAZ M D, EEWARDS A C, SHAND C A, et al. Changes in the chemistry of soil solution and acetic-acid extractable P following different types of freeze/thaw episodes [J]. European journal of soil science, 1994, 45 (3): 353-359.

[101] ROXANE S A. Chesapeake bay riparian handbook-a guide for establishing and mainiaining riparian forest buffers [M]. USA: USA forest service northestem area state and private forest, 1997: 10.

[102] SARAH J. Effects of water level and phosphorus enrichment on seedling emergence from marsh seed banks collected from northern belize [J]. Aquatic Botany, 2004, 9 (4): 311-323.

[103] SCHMITT T J, DOSSKEY M G, HOAGLAND K D. Filter strip performance and processes for different vegetation, widths, and contaminants [J]. Journal of Environmental Quality, 1999, 28 (5):

1479-1489.

[104] SCHOONOVER J E, WILLIARD K W J, ZACZEK J J, MANGUN J C, CARVER A D. Nutrient attenuation in agricultural surface runoff by riparian buffer zones in Southern Illinois, USA [J]. Agroforestry Syst, 2005, 64: 169-180.

[105] SCHOONOVER J E, WILLIARD K W J, ZACZEK J J, MANGUN J C, CARVER A D. agricultural sediment reduction by giant cane and forest riparian buffers [J]. Water, Air, and Soil Pollution, 2006, 169: 303-315.

[106] SCHOONOVER J E, WILLIARD K W J, ZACZEK J J, MANGUN J C, CARVER A D. Nutrient attenuation in agricultural surface runoff by riparian buffer zones in Southern Illinois, USA [J]. Agroforestry Syst, 2005, 64: 169-180.

[107] SCHOONOVER J E, WILLIARD K W J. Nutrient attenuation in agricultural surface runoff by riparian buffer zones in Southern Illinois, USA [J]. Agroforestry Syst, 2005, 64: 169-180.

[108] SCHRODINGER E. An Undulatory Theory of the Mechanics of Atoms and Molecules [J]. Physical Review, 1926, 28 (6): 1049-1070.

[109] SHEELA G. AGRAWAL, KEVIN W. King, ERIC N. Fischer, DEDRA N. Woner. PO43-Removal by and Permeability of Industrial Byproducts and Minerals: Granulated Blast Furnace Slag, Cement Kiln Dust, Coconut Shell Activated Carbon, Silica Sand, and Zeolite. [J]. Water, Air, & Soil Pollution, 2011, 219 (1-4): 91-192.

[110] SHEELA G. AGRAWAL, KEVIN W. King, ERIC N. Fischer, DEDRA N. WONER. PO43-Removal by and Permeability of Industrial Byproducts and Minerals: Granulated Blast Furnace Slag, Cement Kiln Dust, Coconut Shell Activated Carbon, Silica Sand, and Zeolite. [J]. Water, Air, & Soil Pollution, 2011, 219 (1-4): 91-192.

[111] SHEPPARD S C, SHEPPARD M I, LONG J, SANIPELLI B, TAIT J. Runoff phosphorus retention in vegetated field mar-gins on flat landscapes [J]. Can. J. Soil Sci, 2006, 86: 871-884.

[112] SIMON A, COLLISON A J C. Quantifying the mechanical and hydrologic effects of riparian vegetation on streambank stability [J]. Earth Surface Processes and Landforms, 2002, 27 (5): 527-546.

[113] SMITH. Riparian Pasture retirement effects on sediment, phosphorus and nitrogen in channelized surface run-off from pastures [J]. New Zealand Journal of Marine and Freshwater Research, 1989, 23: 139-146.

[114] STEINBERGER Y, ZELLES L, Bai Q Y, et al. Phospholipid fatty acid profiles as indicators for community structure in soil along a climatic transect in the Judean Desert [J]. Biology and Fertility of Soil, 1999, 28: 292-300.

[115] STELLA J, RODRíGUEZ-GONZáLEZ P, DUFOUR S, et al. Riparian vegetation research in Mediterranean-climate regions: common pattern's ecological processes and considerations for management [J]. Hydrobiologia, 2013, 719: 291-315.

[116] STOWASSER R, Hoffmann R. What Do the Kohn-Sham [J]. Orbitals and Eigenvalues Mean Journal of the American Chemical Society, 1999, 121 (14): 3414-3420.

[117] SU C, PULS R W. Kinetics of trichloroethene reduction by zero-valent iron and tin: pretreatment effect, apparent activation energy, and intermediate products [J]. Environ. Sci. Technol, 1999, 33 (1): 163-168.

[118] SYVERSEN N. Effect of a cold-climate buffer zone on minimising diffuse pollution from agriculture [J].

Water Science and Technology, 2002, 45 (9): 69-76.

[119] SYVERSEN N. Effect and design of buffer zones in the Nordic climate: The influence of width, amount of surface runoff, seasonal variation and vegetation type on retention efficiency for nutrient and particle runoff [J]. Ecological Engineering, 2005, 24 (5): 483-490.

[120] SYVERSEN N, BORCH H. Retention of soil particle fractions and phosphorus in cold-climate buffer zones [J]. Ecol. Eng. 2005, 25: 382-394.

[121] TABACCHI E, LAMBS L, GUILLOY H, et al. Impacts of riparian vegetation on hydrological processes. Hydrological Processes [J], 2000, 14 (16-17): 2959-2976.

[122] TAO S, LI B G, HE X C, et al. Spatial and temporal variations and possible sources of dichlorodiphenyltrichloroethane (DDT) and its metabolites in rivers in Tianjin, China [J]. Chemosphere, 2007, 68: 10-16.

[123] TOLLNER E W, BARFLELD B J, HAYES J C. Sedimentology of erect vegetal filters [J]. Proc. Hydraul. Div. Am. Soc. Civil Eng, 1982, 108: 1518-1531.

[124] ULéN B. Nutrient losses by surface run-off from soils with winter cover crops and spring-ploughed soils in the south of Sweden [J]. Soil & Tillage Research, 1997, 44 (3-4): 165-177.

[125] USDA-NRCS. Grass Filter [R]. Conservation practice standard, Code 393. Iowa NRCS, Des Moines, Iowa, 1999.

[126] USDA-NRCS. Riparian forest buffer [R]. Conservation practice standard, Code 391. Iowa NRCS, Des Moines, Iowa, 1999.

[127] USEPA. Environmental indicators of water quality in the United States [R]. EPA 841-R-96-002. Washington D. C.; Office of Water (4503F), U. S. Goverment Printing Office, 1996.

[128] USEPA. National Water Quality Inventory [R]. EPA 841-R-02-001. Washington D. C. U. S. Environmental Protection Agency, 2002.

[129] UUSI-KäMPPä J, JAUHIAINEN L. Long-term monitoring of buffer zone efficiency under different cultivation techniques in boreal conditions [R]. Agriculture Ecosystems & Environment, 2010, 137 (1-2): 75-85.

[130] UUSI-KäMPPä J. Phosphorus purification in buffer zones in cold climates [J]. Ecol. Eng, 2005, 24: 491-502.

[131] VOUGHT L B M, DAHL J, PEDERSEN C L, et al. Nutrient retention in riparian ecotones [J]. Ambio, 1994, 23 (6): 342-348.

[132] WANG T Y, LU Y L, ZHANG H, et al. Contamination of persistent organic pollutants and relevant management in China [J]. Environmental International, 2005, 31: 813-821.

[133] WENGER S J, FOWLER L. Protecting stream and river corridors: creating effective local riparian buffer ordinances [J]. Athens: Carl Vinson Institute of Government, University of Georgia, 2000: 5-10.

[134] WENGER S J, FOWLER L. Protecting stream and river corridors: creating effective local riparian buffer ordinances [J]. Athens: Carl Vinson Institute of Government, University of Georgia, 2000: 5-10.

[135] WENGER S. A review of the scientific literature on riparian buffer width, extent and vegetation [R]. Athens, Georgia: Institute of Ecology, University of Georgia, 1999.

[136] WHIGHAM D F. Ecological issues related to wetland preservation, restoration, creation and assessment [J]. The Science of the Total Environment, 1999, 240: 31-40.

[137] WHITE D C, STAIR J O, RINGELBERG D B. Quantitative comparisons of in situ microbial biodiversity

by signature biomarker analysis [J]. Journal of Industry Microbiology, 1996, 17: 185-196.

[138] WU K S, JOHNSTON C A. Hydrologic response to climatic variability in a Great Lakes Watershed: A case study with the SWAT model [J]. Journal of Hydrology, 2007, 337 (1-2): 187-199.

[139] XING B S, PIGNATELLO J J. Dual-mode sorption of low-polarity compounds in glassy poly and soil organic matter [J]. Environ. Sci. Technol, 1997, 31: 792-799.

[140] XU J, LV X S, LI J D, et al. Simultaneous adsorption and dechlorination of 2, 4-dichlorophenol by Pd/Fe nanoparticles with multi-walled carbon nanotube support [J]. J Hazard Mater, 2012, 225-226: 36-45.

[141] Y. CHEN, H. J. XIANG. Jinlong Yang Fermi Surface Topology of Na0 [J]. 5CoO2 from the Hybrid Density Functional, Chinese Physies Letters 22, 3155, 2005.

[142] YANG W, COHEN A J, MORI-SANCHEZ P. Derivative discontinuity, bandgap and lowest unoccupied molecular orbital in density functional theory [J]. Journal of Chemical Physics, 2012, 136 (20).

[143] YOUNG K, HINCH S, NORTHCOTE T. Status of resident coastal cutthroat trout and their habitats [J]. North American Journal of Fisheries Management, 1999, 19: 901-911.

[144] YU X Y, YING G G, KOOKANA R S. Rduced plant uptake of pesticides with biochar additions to soil [J]. Chemosphere, 2009, 76 (6): 665-671.

[145] ZELLES L. Identification of single cultured micro-organisms based on their whole community fatty acid profiles using extraction procedure. Chemosphere, 1999, 39: 665-682.

[146] ZHAO T Q, XU H S, HE Y X, et al. Agricultural non-point nitrogen pollution control function of different vegetation types in riparian wetlands: A case study in the Yellow River wetland in China [J]. J Environ Sci-China, 2009, 21: 933-939.

[147] ZOGG G P, ZAK D R, RINGLEBERG D B, et al. Compositional and functional shifts in microbial communites due to soil warming. Soil Sci. Soc, 1997, 61: 475-481.

[148] 安韶山, 黄懿梅, 李壁成, 等. 黄土丘陵区植被恢复中土壤团聚体演变及其与土壤性质的关系 [J]. 土壤通报, 2006, 37 (1): 45-50.

[149] 白明英. 农业面源污染及控制对策研究. 安徽农业科学, 2010, 38 (8): 4228-4230.

[150] 梁桓, 索全义, 侯建伟, 等. 不同炭化温度下玉米秸秆和沙蒿生物炭的结构特征及化学特性 [J]. 土壤, 2015, 47 (5): 886-891.

[151] 曾梦兆. 人工湿地基质酶及其活性与净化养殖废水效果相关性研究 [D]. 武汉: 华中农业大学, 2008.

[152] 陈冲, 张晓华. 辽宁省秸秆资源过剩问题与对策探讨 [J]. 新农业, 2015 (15): 48-50.

[153] 陈恩凤: 土壤酶与土壤肥力研究 [M]. 北京, 科学出版社, 1979: 54-61.

[154] 陈华林, 张建英, 陈英旭, 等. 五氯酚在沉积物中的吸附解吸迟滞行为 [J]. 环境科学学报, 2004, 24 (1): 27-32.

[155] 陈金林, 潘根兴, 张爱国, 等. 林带对太湖地区农业面源污染物的控制 [J]. 南京林业大学学报 (自然科学版), 2002, 26 (06): 17-20.

[156] 陈温福, 张伟明, 孟军, 等. 生物炭应用技术研究 [J]. 中国工程科学, 2011, 13 (2): 83-89.

[157] 崔波. 不同植被河岸带对农业面源污染的净化效果及机理研究 [D]. 镇江: 江苏大学, 2012.

[158] 邓焕广, 王东启, 陈振楼, 等. 改造滨岸对城市降雨径流中氮磷去除的中试研究 [J]. 环境科学学报, 2013: 33 (2): 494-502.

[159] 段亮, 宋永会, 白琳, 等. 辽河保护区治理与保护技术研究 [J]. 中国工程科学, 2013, 15

（3）：107-111.

[160] 段亮，宋永会，张临绒，等. 辽河保护区河岸带生态恢复技术研究［J］. 环境工程技术学报，2014，4（1）：8-12.

[161] 方国东，司友斌. 纳米四氧化三铁对 2,4-D 的脱氯降解［J］. 环境科学，2010，31（6）：1499-1505.

[162] 冯丽，葛小鹏，王东升，等. pH 对纳米零价铁吸附降解 2,4-二氯苯酚的影响［J］. 环境科学，2012，33（1）：94-103.

[163] 耿志明，陈明，王冉，等. 高效液相色谱法测定柑橘中 2,4-二氯苯氧乙酸残留［J］. 江苏农业学报，2007，23（1）：67-70.

[164] 关松荫. 土壤酶及其研究方法［M］. 北京：中国农业出版社，1986：303-312.

[165] 郭二辉，孙然好，陈利顶. 河岸植被缓冲带主要生态服务功能研究的现状与展望［J］. 生态学杂志，2011，30（8）：1830-1837.

[166] 韩光明，蓝家祥，陈温福，等. 生物炭及其对土壤环境的影响［J］. 安徽农业科学，2014（31）：41-43.

[167] 黄敦奇，史雅娟，张强斌，等. 污染场地中有机氯农药对土壤原生动物群的影响［J］. 生态毒理学报，2012，7（6）：603-608.

[168] 黄凯，郭怀成，刘永，等. 河岸带生态系统退化机制及其恢复研究进展. 应用生态学报，2007，18（6）：1373-1382.

[169] 黄玲玲. 竹林河岸带对氮磷截留转化作用的研究［D］. 北京：中国林业科学研究院，2009.

[170] 黄维南. 豆科树木共生固氮的生态生理及资源开发利用研究［J］. 中国科学基金，1995，9（3）：48-50.

[171] 黄铧，吴承祯，钱莲文. 生物质炭对土壤和土壤微生物影响的研究进展［J］. 武夷学院学报，2014（2）：7-11.

[172] 霍伟洁. 草地过滤带对农业面源污染物的截留效应研究［D］. 北京：中国水利水电研究院，2013.

[173] 姜翠玲，范晓秋，章亦兵. 面源污染物在沟渠湿地中的累积和植物吸收净化［J］. 应用生态学报，2005，16（7）：1351-1354.

[174] 李会娜. 三种入侵菊科植物（紫茎泽兰、豚草、黄顶菊）与土壤微生物的互作关系［D］. 沈阳：沈阳农业大学，2009.

[175] 李克斌，刘维屏，周瑛，等. 灭草松在土壤中吸附的支配因素［J］. 环境科学，2003，24（1）：126-130.

[176] 李力，刘娅，陆宇超，等. 生物炭的环境效应及其应用的研究进展［J］. 环境化学，2011，30（8）：1411-1421.

[177] 李萍萍，崔波，付为国，等. 河岸带不同植被类型及宽度对污染物去除效果的影响［J］. 南京林业大学学报，2013，37（6）：47-52.

[178] 李睿华，管运涛，何苗，等. 河岸混合植物带处理受污染河水中试研究［J］. 环境科学，2006，4（27）：651-654.

[179] 梁威，吴振斌，周巧红，等. 复合垂直流构建湿地基质微生物类群及酶活性的空间分布［J］. 云南环境科学，2002，21（1）：5-8.

[180] 廖红，严小龙. 高级植物营养学［M］. 北京：科学出版社，2003：115.

[181] 林昭达，林承汉，周文杰. 七家湾溪滨水区植生缓冲带配置宽度之研究［J］. 水土保持学报，2005，37（3）：209-220.

[182] 刘凤婵，李红丽，董智，等. 封育对退化草原植被恢复及土壤理化性质影响的研究进展 [J]. 中国水土保持科学，2012，10 (5)：116-122.

[183] 刘广良，戴树桂，钱芸. 农药涕灭威在土壤中的不可逆吸附行为 [J]. 环境科学学报，2000，20 (5)：597-602.

[184] 刘燕. 河岸缓冲带植物配置模式对面源污染物的净化效果 [J]. 贵州农业科学，2014，10：248-251.

[185] 卢向明，陈萍萍. 有机氯农药微生物降解技术研究进展 [J]. 环境科学与技术，2012，35 (6)：89-93.

[186] 潘金华，庄舜尧，曹志洪，等. 生物炭添加对皖南旱地土壤物理性质及水分特征的影响 [J]. 土壤通报，2016，47：2.

[187] 潘瑞炽，董愚得. 植物生理学 [M]. 北京：高等教育出版社，1995.

[188] 秦明周. 美国土地利用的生物环境保护工程措施——缓冲带 [J]. 水土保持学报，2001，01：119-121.

[189] 申卫博，张云，汪自庆，等. 木材制备生物炭的孔结构分析 [J]. 中国粉体技术，2015，21：2.

[190] 沈东升，徐向阳，冯孝善，等. 微生物共代谢在氯代有机物生物降解中的作用 [J]. 环境科学，1994，15 (4)：84-87.

[191] 司友斌. 氮磷淋溶和水体富营养化 [J]. 土壤，2000，32 (4)：188-193.

[192] 孙瑞莲，赵秉强，朱鲁生，等. 长期定位施肥田土壤酶活性的动态变化特征 [J]. 生态环境. 2008，17 (5)：2059-2063.

[193] 唐浩，黄沈发，王敏，等. 不同草皮缓冲带对径流污染物的去除效果试验研究 [J]. 环境科学与技术，2008，2 (32)：109-112.

[194] 田超，王米道，司友斌. 外源木炭对异丙隆在土壤中吸附-解吸的影响 [J]. 中国农业科学，2009，42 (11)：3956-3963.

[195] 田琦，王沛芳，欧阳萍，等. 5 种沉水植物对富营养化水体的净化能力研究 [J]. 水资源保护，2009，5 (1)：14-17.

[196] 王磊，章光新. 湿地缓冲带对氮磷营养元素的去除研究 [J]. 农业环境科学学报，2006，25 (增刊)：649-652.

[197] 王利佳，凤顾，白艳丽. 大伙房水库水质污染和富营养化问题 [J]. 辽宁城乡环境科技，2001，21 (6)：45-47.

[198] 王刘杰. 高寒草甸豆科植物固氮作用及其对群落的影响 [D]. 兰州：兰州大学，2010.

[199] 王敏，吴建强，黄沈发，等. 不同坡度缓冲带径流污染净化效果及其最佳宽度 [J]. 生态学报，2008，10 (28)：4952-4956.

[200] 吴明. 新烟碱类杀虫剂氯噻啉环境行为研究 [D]. 上海：上海交通大学，2010.

[201] 吴振斌，梁威，成水平，等. 人工湿地植物根区土壤酶活性与污水净化效果及其相关分析 [J]. 环境科学学报，2001，21 (5)：622-624.

[202] 吴振斌，梁威，成水平，等. 复合垂直流构建湿地净化污水基质研究 [J]. 长江流域资源与环境，2002，11 (2)：179-183.

[203] 夏会娟，张远，张文丽，等. 辽河保护区河岸农田撂荒恢复初期植物物种特征 [J]. 生态学杂志，2014，33 (1)：41-47.

[204] 夏继红，严忠民. 生态河岸带研究进展与发展趋势 [J]. 河海大学学报：自然科学版，2004，5 (3)：252-254.

[205] 肖洋. 北京山区森林植被对面源污染的生态调控机理研究 [D]. 北京：北京林业大学，2008：6-10.

[206] 谢祖彬，刘琦，许燕萍，等. 生物炭研究进展及其研究方向 [J]. 土壤，2011，43（6）：857-861.

[207] 徐化成. 景观生态学 [M]. 北京：中国林业出版社，1996：96-98.

[208] 闫玉春，唐海萍. 围栏禁牧对内蒙古典型草原群落特征的影响 [J]. 西北植物学报，2007，27（6）：1225-1232.

[209] 杨帆，高大文，高辉. 高效吸收氮、磷的滨岸缓冲带植物筛选 [J]. 东北林业大学学报，2010，38（9）：62-64.

[210] 游远航，祁士华，叶琴，等. 土壤环境有机氯农药残留的研究进展 [J]. 资源环境与工程，2005，19（2）：115-119.

[211] 余红兵. 生态沟渠水生植物对农区氮磷面源污染的拦截效应研究 [D]. 长沙：湖南农业大学，2012.

[212] 岳春雷，常杰，葛滢，等. 人工湿地基质中土壤酶空间分布及其与水质净化效果之间的相关性 [J]. 科技通报，2004，20（2）：112-116.

[213] 张鸿龄，孙丽娜，赵国苹. 运用主成分分析法评价浑河水体中重金属污染来源 [J]. 沈阳大学学报，2012，24（5）：5-9.

[214] 张建春，彭补拙. 河岸带研究及其退化生态系统的恢复与重建 [J]. 生态学报，2003，23（1）：56-63.

[215] 张鹏，武健羽，李力，等. 猪粪制备的生物炭对西维因的吸附与催化水解作用 [J]. 农业环境科学学报，2012，31（2）：416-421.

[216] 张琦等. 用气相色谱法分析废水和底泥中的阿特拉津 [J]. 甘肃环境研究与监测，2001，14（3）：151-152.

[217] 张旭东，梁超，诸葛玉平，等. 黑碳在土壤有机碳生物地球化学循环中的作用 [J]. 土壤通报，2003，34：349-355.

[218] 张燕，张志强，谢宝元，等. 饮用水源区小流域氮素污染负荷估算方法比较 [J]. 中国水土保持科学，2009，7（1）：84-91.

[219] 张燕. 农田排水沟渠对氮磷的去除效应及管理措施 [D]. 长春：中国科学院东北地理与农业生态研究所，2013.

[220] 赵警卫，胡彬. 河岸带植被对面源氮磷以及悬浮颗粒物的截留效应 [J]. 水土保持通报，2012，32（4）：51-55.

[221] 赵其国，王浩清，顾国安. 中国的冻土 [J]. 土壤学报，1993，30（4）：341-354.

[222] 赵清贺，马丽娇，刘倩，等. 黄河中下游典型河岸带植物物种多样性及其对环境的响应 [J]. 生态学杂志，2015，34（5）：1325-1331.

[223] 郑培生. 辽河流域农业面源污染结构与格局特征分析 [J]. 科技创新导报，2012，29：154-156.

[224] 郑雪芳，刘波，孙大光，等. 柑橘黄龙病植株内生菌 PLFAs 多态性研究 [J]. 中国生态农业学报，2012，20（7）：932-944.

[225] 中国农业年鉴编辑部. 中国农业年鉴 [M]. 北京：中国农业出版社，2001.

[226] 周守标，王春景，杨海军，等. 菰和菖蒲在污水中的生长特性及其净化效果比较 [J]. 应用与环境生物学报，2007，13（4）：454-457.